"十二五"国家科技支撑计划课题（2012BAC10B02）资助
煤矿生态环境保护国家工程实验室科技攻关项目（HKKY-JT-JS2012）资助

# 淮南泉大资源枯竭矿区
# 生态环境与修复工程实践

郑刘根 等 ■ 著

北京师范大学出版集团
BEIJING NORMAL UNIVERSITY PUBLISHING GROUP
安徽大学出版社

图书在版编目(CIP)数据

淮南泉大资源枯竭矿区生态环境与修复工程实践/郑刘根等著.
—合肥:安徽大学出版社,2016.1
ISBN 978-7-5664-1057-3

Ⅰ.①淮… Ⅱ.①郑… Ⅲ.①矿区环境保护－研究－淮南市
Ⅳ.①X322

中国版本图书馆 CIP 数据核字(2016)第 008991 号

**淮南泉大资源枯竭矿区生态环境与修复工程实践**　　　　　郑刘根 等 著

出版发行：北京师范大学出版集团
安　徽　大　学　出　版　社
(安徽省合肥市肥西路 3 号 邮编 230039)
www.bnupg.com.cn
www.ahupress.com.cn
印　刷：合肥添彩包装有限公司
经　销：全国新华书店
开　本：170mm×240mm
印　张：13
字　数：247 千字
版　次：2016 年 1 月第 1 版
印　次：2016 年 1 月第 1 次印刷
定　价：39.00 元
ISBN 978-7-5664-1057-3

策划编辑：陈　来　李　梅　武溪溪　　　　　装帧设计：丁　健
责任编辑：李　梅　武溪溪　　　　　　　　　美术编辑：李　军
责任校对：程中业　　　　　　　　　　　　　责任印制：赵明炎

# 本书作者名单

郑刘根　　陈永春　　李玉成
孙庆业　　周忠泽　　徐　翀
邹　海　　王　宁　　姜春露
安士凯　　陆春晖　　谢　毫

# 前　言

　　矿山工程整个服务期限可分为成长期、鼎盛期、衰退期和资源枯竭期四个阶段,其最后阶段是矿山因资源枯竭而关闭。在资源枯竭矿区,不同的矿产类型、开采方式、自然条件及"采、选、冶"等生产活动,造成了压占、挖损、塌陷、污染等不良后果,损毁了大量土地。中国以煤炭为主的矿业城市主要集中于中西部,而枯竭矿区主要集中于中东部,其中安徽省就占有相当数量。因此,研究枯竭矿区的可持续发展,对改善矿区经济结构,加大民生保障有重要意义。

　　采煤塌陷区综合治理是个世界性、历史性难题。为寻求破解之策,近年来,安徽省淮南市人民政府、淮南矿业(集团)有限责任公司和安徽大学在煤炭资源枯竭矿区和采煤沉陷区生态环境修复技术方面进行了一些有益探索,采用有效的生态工程技术,对报废几十年的泉大资源枯竭矿区进行生态环境整治,将废弃地整治为城市生态区和宜居区,为中国矿业城市可持续发展提供了一种示范模式。为此,在国家科技支撑计划课题支持下,本书编者从2012年开始收集整理研究资料,认真总结项目成果,完成本书的编写工作。

— 1 —

本书共分 9 章,第 1 章为绪论,介绍了资源枯竭矿区概念、资源枯竭矿区环境修复与意义以及资源枯竭矿区治理技术与对策;第 2 章为泉大资源枯竭矿区概况,介绍了研究区的位置与交通、自然地理、地质背景、开采历史以及社会经济概况;第 3 章为泉大资源枯竭矿区生态环境质量,介绍了水环境质量、土壤环境质量以及植物与植被;第 4 章为大通湿地单元地质稳定性,介绍了岩土体工程地质性质、采空区综合地球物理探测,以及研究区地质稳定性综合评价;第 5 章为大通湿地水循环特征及水文状态,介绍了大通湿地水循环特性、大通湿地水循环模型,以及大通湿地水系修复对策与措施;第 6 章为泉大资源枯竭矿区生态修复,介绍了大通煤矿采煤沉陷区的基本概况与生态修复规划、大通湿地生态修复工程设计与技术选择,以及大通煤矿采煤沉陷区生态修复效果;第 7 章为资源枯竭矿区生态修复和验收指标体系,介绍了矿区生态环境修复的综合技术体系、资源枯竭矿区生态修复指标体系、资源枯竭矿区土地复垦与生态重建技术指标体系、安徽省淮南泉大煤炭资源枯竭矿区生态环境治理技术规程,以及安徽省淮南泉大资源枯竭矿区湿地植被恢复评价指标体系;第 8 章为资源枯竭矿区生态修复相关政策研究,介绍了我国矿山环境治理与生态恢复政策、国外矿山环境治理与生态恢复政策、安徽省矿山地质环境保护与治理相关政策、安徽省两淮煤矿废弃土地再利用的激励机制,以及安徽省两淮煤矿废弃土地再利用措施建议;第 9 章为结论。本书附有淮南矿区维管植物名录,是根据多次野外现场调查收集整理的。

本书可供生态学、环境科学、地质学、植物学、水生生物学的师生阅读,也可为从事资源枯竭矿区生态环境修复研究工作的相关学者进行生态工程恢复研究提供参考。由于编者的知识水平、认识能力和工作积累等方面的限制,对一些生态环境修复的认识可能不够全面,生态工程恢复技术和相关政策总结不一定很准确;或因所搜集的文献资料所限,有些技术、政策未能编入,尤其是关于国外资源枯竭矿区生态环境修复技术和政策措施的研究不够全面深入,我们热忱欢迎同行们的批评指正。

郑刘根

2016 年 1 月

目录
CONTENTS

— 1 —

# 第1章
# 绪　论

## 1.1　资源枯竭矿区概念、分布及危害

矿山工程整个服务期限可分为成长期、鼎盛期、衰退期和资源枯竭期 4 个阶段,其最后阶段是矿山因资源枯竭而关闭。在我国现有的矿山中,已处在衰退期的有 51 座,表明将陆续有矿山进入关闭行列,加上已有的资源枯竭矿山,共占所有矿区的 12% 以上。我国公布的资源枯竭矿区主要以煤矿、铁矿、铜矿、石油产业为主,其中,煤炭资源枯竭矿山占 68%。在资源枯竭矿区,不同的矿产类型、开采方式、自然条件及"采、选、冶"等生产活动,造成了压占、挖损、塌陷、污染等不良后果,损毁了大量土地。

我国以煤炭为主的矿业城市主要集中于中西部,而枯竭矿区主要集中于中东部,安徽省就占有相当数量,因此,研究枯竭矿区的可持续发展,对改善矿区经济结构、加大民生保障有重要意义。矿山关闭后有大量的废弃土地、遗弃厂矿等废弃遗留物,若不能很好地落实土地复垦与生态重建工作,会产生环境安全、人居安全等隐患,进而影响地方经济的可持续发展。

## 1.2 淮南泉大资源枯竭矿区环境修复及意义

安徽省淮南市是煤炭资源型城市,近年来,采用有效的生态工程技术,对报废几十年的泉大资源枯竭矿区进行生态环境整治,将废弃地整治为城市生态区和宜居区,为中国矿业城市可持续发展提供一种示范模式。

大型煤炭企业发展,实质上是一个区域经济社会发展问题。传统的煤炭资源型城市发展模式是煤矿建到哪,城市就建到哪,矿兴则城兴,矿衰则城衰,很少关注可持续发展的理念。淮南矿业(集团)有限责任公司在泉大资源枯竭矿区的环境修复与重建方面,摸索出"泉大模式",即把资源枯竭矿区土地盘活和建设生态宜居城市结合起来,其特点为:对已经稳沉的资源枯竭矿区进行环境修复与治理的同时,注重城市基础设施建设和煤矿棚户区改造,提升中心城区功能,使城市荒地和废弃地变成以"山、水、林、居"为特征的城市生态区和最佳宜居区。

泉大资源枯竭矿区南倚舜耕山,北临洞山路景观大道,是山北老城区和山南新城区之间联系的纽带,也是城市中心地带,有着优越的地理位置和人文环境,因其特殊的地理位置而成为淮南市政治、经济和文化中心。其中,泉九资源枯竭矿区西起泉山,东至九龙岗,面积约为 $22km^2$,占整个泉大资源枯竭矿区面积的 32.4%。该区域在明清时期就有民窑开采,30 多年前,这里成了报废的矿区,由于历史变迁、法人灭失等原因,该区域的地貌、水系等生态环境遭到严重破坏,沦为城市荒地和废弃地,生态环境恶劣,严重影响了城市整体形象。

对泉大资源枯竭矿区进行环境修复,可以避免"破窗效应",阻止该地区生态环境进一步恶化,由原来主城区边缘破烂地带变成城市中心区域,使"城市荒地"变成以"山、水、林、居"为特征的城市生态区,重新焕发生机和活力,并将为国内煤炭城市资源枯竭矿区沉陷治理和矿山全生命周期建设探索出一条新路,为国内资源型城市转型提供一种治理模式。

泉大资源枯竭矿区综合治理与开发项目被国家发展和改革委员会列为循环经济示范项目,通过项目的实施,完成了生态修复与景观区建设,总面积达 $4.1km^2$,社会效益和环境效益十分显著。其中,老龙眼水库生态区和大通湿地生态区初具规模,已使约 $7.2km^2$ 的采煤沉陷区和采石场等生态得到恢复,约 $22km^2$ 的资源枯竭矿区城市面貌得到根本提升,$3.2km^2$ 的城市荒地、废弃地得以重生,近万户老煤矿棚户区得以改造,增加了 $10km^2$ 以上的城市绿地,强化了舜耕山的生态功能,形成淮南市绿肺和淮南中心城区的天然氧吧。项目的实施使城市得到统筹发展,城市品位得以提升。

泉大资源枯竭矿区综合治理与开发项目采用的"市矿统筹"模式为国内首创,符合国家建设节约型社会的要求,实现了产业发展与环境改善的双重效益,为国内煤炭城市资源枯竭矿区沉陷区治理和矿山全生命周期建设探索出一条新路,为国内资源型城市转型提供了一种模式,社会和经济效益显著,对全行业有一定的示范作用。

## 1.3　国内外资源枯竭矿区治理技术与对策

采煤沉陷区综合治理是一个世界性、历史性难题。为寻求破解之策,国内很多急欲转型的矿业城市和矿企在资源枯竭矿区生态环境修复技术,包括采煤沉陷区生态环境修复等方面进行了一些有益探索,取得了一些成功的经验。

### 1.3.1　资源枯竭矿区生态环境修复技术

目前,国内外对资源枯竭矿区生态环境修复技术已经进行了比较充分的研究,总结起来,大多是根据区域性地理、地质、水系等特点,分别采用了以下 7 种技术(付梅臣等,2009)。

#### 1.3.1.1　城郊湿地公园或郊野公园

对城市外围各矿的大面积采矿损毁区进行综合治理,进行植被恢复和水系联通,再造林地和湿地,为城市提供广阔的生态腹地,变"黑色之金"为"绿色之肺"。矿区内许多水系与曲折蜿蜒的河流、碧波荡漾的水面相伴而居,将水系、绿带等生态用地融入城市发展空间,建设城市郊野公园、湿地公园,为城市居民提供休憩场所。

#### 1.3.1.2　矿山公园

矿山旅游资源是一种特殊的旅游资源,在科学评价、明确市场目标、提出切实可行的旅游产品开发目标的基础上,保障矿山正常生产、旅客安全,保护资源环境。矿山旅游资源开发与规划是一个动态过程,需要不断地适应市场(王春雷,2004),调整规划内容,建设旅游设施,设计旅游路线,重点开发出有地方特色和市场生命力的旅游产品(李经龙,郑淑婧,2005)。

(1)矿山旅游资源的评价与选择。选择交通便利、基础设施较好的大中型矿山及历史价值高、矿山遗迹保护较好的矿山。

(2)矿山旅游产品定位与开发。现代化的大型采矿企业是现代科技应用最集中的载体之一。利用矿山基础设施,可展示采矿工作过程和安全防范过程,观摩矿体结构、地质构造和次生地质灾害造成的影响,体验矿山景观文化,满足人们对知识的探索感。

(3)矿山旅游资源保护与监测。保护矿山环境,加强对矿山生产安全隐患、地质灾害及环境的监测力度,保障游客与矿区人民生命财产的安全。

### 1.3.1.3　河流水系修复技术

河流水系修复技术是指采用区域疏通技术,疏通水系,修复河道,恢复地表植被,保存整个水系,处理与利用矿山水,实现蓝水、绿水和矿山水的有机融合。

(1)"蓝"水廊道修复。"蓝"水是指在地表和地下运动的可见液态水(Falkenmark M, Rockstrom J,2006)。采用区域疏通技术,根据生态化的治水观念和措施(杨凯,2006),建设生态河堤和自然型的河道,减轻河流的淤积,重建水生植被,恢复河流湿地缓冲带,修复"蓝"水河流廊道。

(2)"绿"水廊道修复。"绿"水是指土壤中植物生长所必需的不可见的水和植物的蒸腾作用产生的水(Falkenmark M, Rockstrom J,2006)。矿区的地面植被因采矿而变得稀疏,水流侵蚀使得矿区土地退化。因此,应保护和修复矿区植被,并充分运用微地貌地形的保水措施,延长地表径流滞留时间,实现水的有效利用,使"蓝"水、"绿"水相协调。

(3)矿山水处理与利用。矿山水处理主要涉及两个方面的问题,即疏干排水破坏区域水均衡以及矿山污水污染水体环境。采用防渗帷幕、防渗墙等工程,堵截外围地下水的补给(雷兆武等,2006),将矿井水回灌补充地下水,以防治矿山水,健全水文生态系统。

### 1.3.1.4　湿地修复技术

通过对采矿沉陷区及矿坑积水区的综合整治,营造湿地生态系统,构建水生植被,提高生物多样性水平,充分发挥生态服务功能,实现湿地景观的自然化(王胜永等,2007)。

(1)积水区土体处理与造景。在沉陷区土地复垦过程中,重现原野风光,把沉陷区的土体挖出,转移到煤矸石山等固体废弃物堆放地,用于建造假山、覆土绿化。改造后的煤矸石山等废弃地可播种野生花卉以及种植浅根性树木。

(2)地表植被恢复与造景。依坡就势栽植常绿阔叶乔木、季相树种,以龙柏、油松、加杨、旱柳等植物为主,增加灌木和水生、陆生植物品种,如垂丝海棠、紫丁香、结缕草等植物,丰富植物群落,构筑纯自然、原生态绿化景观。保留农田田野景观及周围原有的植物群落、生境和水体,将农田融入生态系统。

(3)道路系统改造与景观联通。矿区的景观建设以实现各景观类型建设向游人开放为目标,游览路线要建成较完整的贯穿主要景点、景区的环路体系(朱磊等,2006)。

(4)采矿遗迹的保护与改造。因地制宜地制定合理整治和利用采矿迹地的方案和规划(常江,Koetter T,2005),保护和改造好采矿遗迹,重塑矿区景观。

### 1.3.1.5 水体修复技术

根据生物塘对污水的好氧或厌氧净化机制,水生植物对污水吸收、转化机理,以及水生生态系统的自净能力,采用沉陷积水净化、积水水面改造和动植物配置等水体修复技术,修复沉陷区水体。

(1)沉陷积水净化。根据国内矿区混水净化的经验,矿区内长年积水,长有一些水生植物,具有湿地的部分性能,将其改造成人工生物塘,可以净化矿区积水。矿区沉陷积水区根据水深可以布置好氧塘或厌氧塘,种植水生植物,提升净化效果(刘萍萍等,2007;傅娇艳等,2007)。生物塘中因植物根系对氧的传递释放,使其周围环境中依次出现好氧、缺氧和厌氧状态,通过过滤、吸附、沉淀、离子交换、植物吸收和微生物分解等,完成对矿区积水的高效净化(康恩胜等,2006)。

(2)积水水面改造。根据矿区地面塌陷坑的特点和矿井废污水的成分,按照积水深度,在浅水区布置好氧塘,在深水区布置厌氧塘,使并联与串联相结合,形成湿地型生物塘,并向湿地景观转变。形态上应尽量模拟自然状态,以适应湿地生物系统的形态和生物分布格局。生物塘的平面形态应尽量保持自然弯曲,以达到和谐统一、自然均衡(赵晨洋,2007)。

(3)动植物配置。动植物是生物塘生态系统的基本构成要素和景观视觉的重要因素(李杰等,2007)。以本地乡土植物为主,选择耐污能力与抗病虫害能力、抗寒能力强,根系发达,茎叶茂密的植物,如芦苇、水烛等挺水植物。同时,注意提高植物种类的多样性,在生物塘内按照从深到浅的顺序,依次种植挺水植物、浮叶植物和沉水植物;放养喜食水草的草鱼、喜食浮游生物的鲢鱼和适应性较强的鲫鱼等,充分利用食物链提高湿地环境中土壤与水体的质量,协调水与动植物的关系的同时,发挥生态效益和经济效益。

#### 1.3.1.6　山体恢复技术

（1）山脊生态廊道修复。在保护山体轮廓的前提下，遵循山体的形态和构造，控制建筑的总体轮廓，保持山脊线的自然连续性，尽可能留出宽阔的视线通廊（俞孔坚等，2005）。矿山建筑群如果不加以控制，就可能造成轮廓杂乱和破碎，山脊线的连续性和完整性被破坏，失去简洁和统一的节奏。

（2）恢复和重建山体的自然植被。按照自然式设计原则，选择点植式植被绿化技术、攀援式植被绿化技术、双容器育苗技术、节水灌溉技术、"缝合手术针"裂缝缝合技术（张涛，2006），采用保水剂等节水新材料（赵永军等，2006），对山体进行植被恢复，再造植被景观，建造人工瀑布以及喷灌养护系统。

#### 1.3.1.7　林地重建技术

（1）林地选择与布局。应尽量将林地安排在矿区的煤矸石山等废弃地及积水区边缘、鱼塘堤坝和道路两侧，作为护岸、护路林来保持水土。复垦后土壤肥力较差的地区可利用土壤改良技术措施发展林业种植，形成森林景观，提高经济效益，调节农田气候。

（2）树种规划技术。树种规划一直是矿区废弃地生态恢复研究的重要内容。树种选择直接关系到景观重建工程的成败。林地重建的植物选择应以"乡土树种为主，有利于水土保持与土壤快速改良"为原则，满足"适地适植物"或"适地适树"这一森林培育学的最基本原则，可以适当选用经过多年引种和驯化的外来植物品种，增加植物和景观的多样性。

（3）煤矸石山等废弃地抗旱栽植技术。矿区煤矸石山等废弃地的抗旱栽植技术主要包括苗木保护和保水措施。苗木保护和保水技术要满足增加栽植时的苗木含水量、增加栽植时的根系量和栽植后的吸水量、减少栽植时的叶量和栽植后的蒸腾量等方面的要求（李鹏波，2006）。

#### 1.3.2　采煤沉陷区生态环境修复技术

采煤沉陷是我国量大面广的矿区生态环境问题，其主要的修复技术包括下述几种（胡振琪等，2005）。

（1）疏排法。采用建立排水沟、直接泵排等合理的排水措施，排干采煤沉陷地的积水，辅以必要的地表整修，使采煤沉陷地不再积水，且恢复至可以利用的水平。该方法主要应用于潜水位不太高、地表下沉较浅，且正常的排水措施和地表整修工程就能保证土地恢复利用的矿区。

(2)挖深垫浅法。利用挖掘机械将沉陷深的区域再挖深,形成积水区,用于水产养殖,用取出的土方充填沉陷浅区,以形成耕地,达到水产养殖和农业种植并举的利用目标。该技术主要用于沉陷较深且有积水的高、中潜水位地区,以及满足挖出的土方量大于或等于充填所需土方量这一条件,蓄水水质状况较好,适宜于水产养殖的沉陷区。

(3)充填复垦法。由于矿区附近存在许多可利用的充填材料,如煤矸石、粉煤灰、露天矿排放的剥离物等,所以可用这些材料充填采煤沉陷地,再在其表层覆以一定厚度的耕作土,则能形成复垦耕地。尽管该方法有一定的局限性,且可能造成二次污染,但由于它同时解决了沉陷地复垦和矿山固体废弃物处理这两个问题,故其经济、环境效益俱佳,是一种非常高效的复垦方式。充填时,可根据充填废弃物的不同种类,采用不同的方式运送,如井下矸石或露天矿剥离物可直接运往沉陷地充填,旧矸石山或旧排土堆可用汽车运往沉陷地,电厂粉煤灰可用水力输送到沉陷地充填,等等。

(4)直接利用法。大面积的沉陷地,尤其是积水面积大或积水较深的水域、未稳定沉陷地及暂难复垦的沉陷地,可根据沉陷地现状因地制宜地直接加以利用,如在非稳沉陷湿地利用网箱养鱼、养鸭,种植浅水藕或耐湿作物等。我国华东及部分华北高潜水位地区大面积集水区宜推广此法。

(5)修整法。在平原地区,浅水位沉陷地土地无积水时,如果已经达到稳沉状态,地表土壤受污染并不严重,可因势利导,采用平整土地、改造成梯田等修整法复垦利用。

(6)生态工程复垦法。生态工程复垦法是指针对目标区的地形、地貌、生态特点,综合运用生态学、经济学、环境科学、系统工程学的理论,将土地复垦工程技术与生态工程技术相结合,利用生态系统的物种共生、物质循环再生、系统工程等原理,对已被破坏的土地设计多层次进行利用的工艺技术。此方法具有恢复资源、循环利用、保护环境、立体开发、节能环保等特点。针对高潜水位非稳沉陷湿地,可构建以苦草为优势种的水生植被,形成污染拦截,修复生态系统,并在此基础上进行生态养鱼,前述构建的生态系统可为鱼类提供食物,还能净化水质。这种方法在华东、华北潜水位较高地区的沉陷地具有可推广性。

泉大资源枯竭矿区紧邻淮南市舜耕山,具有留有采矿遗迹、沉陷坑较浅且不相连、部分耕地污染并不严重、部分村落影响较小、煤矸石山分散且老化时间较长、尚存矿井且对舜耕山山体影响不大等特点。鉴于上述特点,结合国内外矿区土地复垦与生态重建经验,提出城郊湿地公园或郊野公园和矿山公园修复方案,综合利用耕地复垦的景观重建和施工技术,河流水系修复、水分循环小气候修复、矿井水综合利用等技术,积水区土体处理与造景、地表植被恢复与造景、道路系统改造与景观连通、采矿遗迹的保护与改造等湿地修复技术,沉陷积水净化、积水水面改造、动植物配置等水体修复技术,村落特色保护与规划、建筑物基础建造等村落恢复技术,山脊生态廊道修复、山体的自然生态植被恢复和重建等山体恢复技术,林地选择与布局、树种规划、煤矸石山等废弃地抗旱栽植等林地重建技术等。经过科学规划和及时有效的治理,资源枯竭矿区生态环境可得到修复,并能够促进矿区持续发展。

# 第 2 章
# 泉大资源枯竭矿区概况

## 2.1 位置与交通

淮南市地处安徽省中北部,东与滁州市毗邻,南与合肥市接壤,西南与六安市隔水相望,西与阜阳市相接,北与亳州市交界,东北与蚌埠市交界,位于东经 $116°21'05''\sim117°12'30''$,北纬 $32°23'20''\sim33°00'26''$,辖区东西最长距离为 103km,南北最长距离为 87km,总面积为 2585km² (图 2-1)。

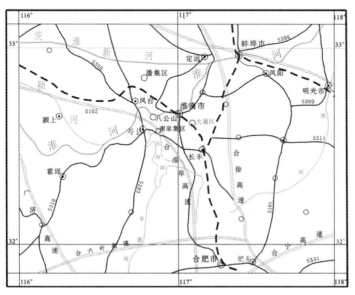

**图 2-1 淮南市交通位置图**

研究区位于淮南大通矿区沉陷单元，东部为九龙岗煤矿，距淮南市中心约5km，阜淮铁路从东北边通过。向东 35km 可接合徐高速公路，向西 30km 可接合淮阜高速公路，周边乡镇地区公路发达。淮河常年通航，水路沿淮河向东，交通便利。

## 2.2 自然地理

### 2.1.1 地形地貌

研究区所在地位于淮河中游南岸，地形南高北低，高程为 30～200m，属淮河冲湖积平原与江淮丘陵交接地带，区域上地貌类型多样，有丘陵、山前斜地、阶地、岗地、河漫滩等。研究区附近地貌如图 2-2 所示。

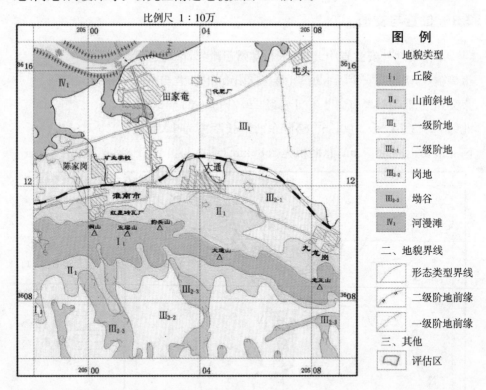

图 2-2 研究区地貌图

（1）丘陵（I₁）。丘陵分布在研究区南部的舜耕山，丘顶呈圆形或尖顶形状，山脊线多呈平缓波状，坡度为 3°～25°，平均为 13°，上部较陡，下部舒缓（3°～5°），高程一般为60～200m,最高点为215.4m(五层山)。

(2)山前斜地($II_1$)。分布在研究区的南部舜耕山下,坡度为3°～8°,高程为40～60m,该带宽度为0～2000m,多为300～800m。

(3)阶地(III)。

①一级阶地($III_1$)。基本位于阜淮铁路以北、安徽理工大学以东的区域,高程一般为20～25m,地势较平坦,略呈南西向北东倾向,其前缘与河漫滩相接,陡坎高差为1～3m。

②二级阶地($III_{2-1}$)。分布于研究区北部,高程为25～40m,地形略有起伏,其前缘与河漫滩或一级阶地相接。

(4)岗地($III_{2-2}$)。岗地位于舜耕山以南,地势微向南倾,高程一般为25～40m。

(5)坳谷($III_{2-3}$)。坳谷位于舜耕山以南,切割山前斜地、岗地,切割深度为2～4m,宽度为100～1000m。

(6)河漫滩($IV_1$)。沿淮河岸边发育,在田家庵区以东发育宽度最大达2000m。地面标高为+18～20m,属近代河床相和泛滥相沉积物,岩性大部分为全新统沙土和亚沙土,有些地段为粉土或亚黏土。

### 2.2.2　气象水文

(1)气象。研究区处于亚热带与暖温带的过渡地带,属暖温带半湿润季风气候区,气候温和,日照充足,雨量适中,四季分明。据淮南市气象台资料记载(截至2007年),历年平均气温为15.5℃,最高气温为41.2℃,最低气温为-22.2℃,7月平均气温为28.3℃,1月平均气温为1.7℃;平均气压为1013.3hPa;平均水汽压为14.9hPa;平均相对湿度为72%;年平均降水量为936.9mm,年最大降水量为1567.5mm,年最小降水量为471.0mm。每年的6～8月为丰水期,降水量约占全年总降水量的50%,12月至次年的2月为枯水期,降水量约占全年总降水量的8.8%;年蒸发量为1603mm,平均风速为2.7m/s;主导风向为东南风;平均日照百分率为51%;平均降水日数为105.9日;平均雾日数为17.3日;地面平均温度为17.5℃,详见淮南市多年月平均气温、降水图(图2-3)。

研究区内光、热、水等资源丰富,但灾害性天气较频繁,尤其是洪涝灾害最为严重,每年的 6～8 月常出现大面积持续性暴雨天气,造成洪涝灾害。

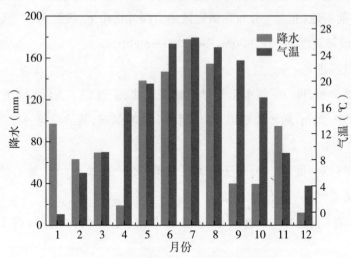

图 2-3　淮南市多年月平均气温、降水图

(2)水文。淮南市境位于淮河流域,最大的地表水为淮河。淮河由陆家沟口入市境凤台县,流至永幸河闸口分流为二,北道北上转东环九里湾进入市境潘集区,南道(又名"超河")东流至皮家路入市境八公山区,南北河道至邓家岗汇流,由大通区洛河湾横坝孜出境。淮河在淮南市境内流长为 87km。市境支流有东淝河、窑河、西淝河、架河、泥黑河等,湖泊有瓦埠湖、高塘湖、石涧湖、焦岗湖、花家湖、城北湖等,人工河有茨淮新河。此外,还有蔡城塘、泉山、老龙眼、乳山、丁山、许桥等小型水库以及采煤沉陷区积水而成的众多湖泊、湿地,最大的为樱桃园(谢二矿沉陷区,亦称"淮西湖")。全市水域面积超过 400km$^2$,约占总面积的 16%。

市境地下水资源主要分布在第四系沉积层,面积约为 1650km$^2$,探明可采储量为 4.5 亿 m$^3$,与地表年平均径流量大致相等。

研究区位于淮河南边约 8km,窑河西边约 6km,淮河经淮南市区长 51km,河道宽约为 400m,历史最高水位达 25.63m(1954 年 7 月 27 日),最低水位为 12.36m(1953 年),丰、枯季流量相差很大,历年最大流量为 10800m$^3$/s(1954 年 7 月),最小流量为 0.5m$^3$/s(1978 年),历年平均流量为 686m$^3$/s。

研究区内还分布塌陷形成的低洼积水塘、人工修建的排水沟和季节河。

## 2.3　地质背景

### 2.3.1　地层

研究区地层分区属华北地层大区晋冀鲁豫地层区徐淮地层分区淮南地层小区。北部基岩被第四系地层覆盖，南部低山残丘区出露前震旦系、寒武系、奥陶系等地层，研究区区域地层简表见表 2-1，地质图如图 2-4 所示。

**表 2-1　研究区区域地层简表**

| 年代地层单位 | | | 岩石地层单位 | 代号 | 厚度 (m) | 主要岩性 |
|---|---|---|---|---|---|---|
| 界 | 系 | 统 | | | | |
| 新生界 | 第四系 | 全新统 | 蚌埠组 | $Q_4b$ | 13 | 粉质黏土、粉土、夹砂，分布于河漫滩 |
| | | 上更新统 | 颍上组 | $Q_3y$ | 30 | 粉质黏土、夹粉砂、底部夹粉砂，分布于河间地块 |
| | | 中更新统 | 临泉组 | $Q_2l$ | 15 | 含砾粉质黏土、砂，分布广泛 |
| | 第三系 | 上新统 | 明化镇组 | $N_2m$ | >71 | 泥灰岩、粉质黏土夹砂，分布于淮河以北及沿淮河南岸 |
| 中生界 | 白垩系 | 上统 | 张桥组 | $K_2z$ | >699 | 厚层砂砾岩，分布于洞山以南和窑河至常家坟 |
| | 三叠系 | 下统 | 和尚沟组 | $T_1hs$ | >125 | 含砾砂质泥岩、砂质泥岩、泥岩，分布于古沟集到高皇一带 |
| | | | 刘家沟组 | $T_1l$ | >323 | 砂质泥岩、长石石英砂岩，分布于古沟集到高皇一带 |
| 古生界 | 二叠系 | 上统 | 石千峰组 | $P_2sh$ | 146 | 砂质泥岩、石英砂岩，分布于洞山以北 |
| | | | 上石盒子组 | $P_2s$ | 300 | 砂岩、泥岩、含煤层，分布于洞山以北 |
| | | 下统 | 下石盒子组 | $P_1x$ | 130 | 泥岩、砂岩互层夹煤层，分布于洞山以北 |
| | | | 山西组 | $P_1s$ | 80 | 砂岩、粉砂岩、夹煤层，分布于洞山以北 |
| | 石炭系 | 上统 | 太原组 | $C_2t$ | 130 | 灰岩与砂岩、泥岩互层，分布于洞山以北 |
| | 奥陶系 | 下统 | 马家沟组 | $O_1m$ | 147 | 厚层灰质白云岩、白云质灰岩，分布于舜耕山北坡 |
| | | | 肖县组 | $O_1x$ | 123 | 中厚层灰质白云岩夹薄层灰岩，分布于舜耕山北坡 |
| | | | 贾汪组 | $O_1j$ | 5 | 含砂白云质泥灰岩，分布于舜耕山北坡 |

续表

| 年代地层单位 | | | 岩石地层单位 | 代号 | 厚度 (m) | 主要岩性 |
|---|---|---|---|---|---|---|
| 界 | 系 | 统 | | | | |
| 古生界 | 寒武系 | 上统 | 土坝组 | $\in_3 tb$ | 172 | 厚层条带结核细晶微晶白云岩,分布于舜耕山 |
| | | | 崮山组 | $\in_3 g$ | 21 | 薄至中厚层灰质、泥质白云岩,分布于舜耕山 |
| | | 中统 | 张夏组 | $\in_2 z$ | 362 | 鲕状灰质白云岩、白云质灰岩夹含铁泥质条带灰岩,下部厚层含鲕条带状含白云质灰岩,分布于舜耕山 |
| | | | 徐庄组 | $\in_2 x$ | 68 | 长石石英砂岩、页岩,分布于舜耕山 |
| | | | 毛庄组 | $\in_2 m$ | 174 | 含白云质灰岩夹粉砂质页岩,分布于舜耕山 |
| | | 下统 | 馒头组 | $\in_1 m$ | 232 | 页岩与中薄层泥质灰岩互层,中部厚层含豹皮状灰岩、白云质灰岩,下部页岩,分布于舜耕山 |
| | | | 猴家山组 | $\in_1 hj$ | 152 | 薄至中厚层白云岩,分布于舜耕山 |
| 上元古界 | 震旦系 | 下统 | 四顶山组 | $Z_1 sd$ | 184 | 厚层白云层,分布于余家山一带 |

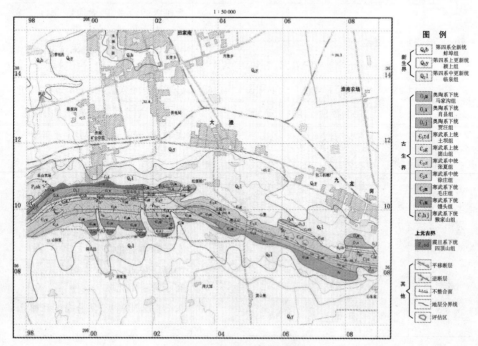

图 2-4 研究区区域地质图

其中,石炭系太原组、二叠系山西组、二叠系下石盒子组和上石盒子组赋存煤层,主要开采 $N_2$ 等 13 层煤层,最大开采深度为 670m,累计采厚为 25.8m,各煤层采出厚度见表 2-2,简述如下。

**表 2-2　大通煤矿开采煤层及采出厚度表**

| 淮南煤田统一编号 | A1 | B4 | B5 | B6 | B7 | B8 | B9 | B10 | B11a | B11b | C12 | C13 | C14 |
|---|---|---|---|---|---|---|---|---|---|---|---|---|---|
| 开采煤层 | $S_8$ | $S_7$ | $S_6$ | $S_5$ | $S_4$ | $S_3$ | $S_2$ | $S_1$ | $N_1$ | $N_2$ | $N_3$ | $N_4$ | $N_5$ |
| 厚度(m) | 2.2 | 2.1 | 2.2 | 1.5 | 4.0 | 1.7 | 1.8 | 2.2 | 1.4 | 1.0 | 1.3 | 3.5 | 0.9 |

(1)石炭系太原组。厚度约为 130m,以灰岩为主,还有夹泥岩、砂质泥岩、砂岩和薄煤层,含煤 8~11 层,仅 1~2 层局部可采,但无开采价值。

(2)二叠系山西组。厚度约为 80m,底部为灰黑色泥岩,下部为深灰色砂质泥岩与薄层细砂岩互层,上部为砂岩、粉砂岩、夹泥岩;煤层总厚度约为 6.5m,含煤 3 层,即 $S_8$、$S_7$、$S_6$ 煤层,稳定可采。

(3)二叠系下石盒子组。厚度约为 130m,底部为含砾中粗粒石英砂岩,下部为铝质泥岩及花斑状泥岩,中部以细砂岩、粉砂岩、泥岩为主,上部以深灰—浅灰色泥岩、砂质泥岩、粉砂岩为主;煤层总厚度约为 14.9m,含煤 13 层,其中可采煤层 7 层,即 $S_5$、$S_4$、$S_3$、$S_2$、$S_1$、$N_1$、$N_2$ 煤层。

(4)二叠系上石盒子组。厚度约为 300m,下部以砂岩、粉砂岩、砂质泥岩、泥岩为主,中部以砂岩、粉砂岩互层为主,上部以灰色砂岩、夹灰色粉砂岩与深灰色泥岩为主;煤层总厚度约为 4.4m,含煤 3 层,其中可采煤层 2 层,即 $N_4$、$N_5$ 煤层。

研究区覆盖层为第四系中更新统临泉组、上更新统颍上组。临泉组地层分布于丘陵四周,残坡积、冲洪积成因,厚度约为 15m,岩性为棕黄色含砾粉质黏土,黏土矿物主要为伊利石;颍上组地层分布于二级阶地、岗地,岩性主要为灰黄色粉质黏土,冲积、冲湖积成因,厚度约为 30m,黏土矿物主要为伊利石、蒙脱石。

### 2.3.2　地质构造与地震

(1)地质构造。区域大地构造位置为中朝准地台南缘,分属淮河台坳的淮南陷褶断带,处于淮南复向斜的东南翼,研究区域地质构造如图 2-4 所示,分述如下。

①褶皱。区域构造总体属于轴向北西西至近东西向的淮南复向斜,该复向

斜由一系列轴向平行的背向斜组成。研究区位于舜耕山倒转单斜北部,黑泥洼向斜南部。

舜耕山倒转单斜走向近东西,长为21km,以庙西逆平移断层为界,分东西两段。研究区位于东段,多为第四系覆盖,组成地层由南而北为倪圆组至石千峰组,倾向南,倾角在70°以上,总体形态为一向南倾斜的倒转单斜。

黑泥洼向斜位于淮南复向斜的东南部,西起石头埠,经泉山至大通、九龙岗,方向为北西至近东西向,长为19km,宽为3～4km。向斜核部为三叠系下统和尚沟组,两翼由刘家沟组至二叠系下石盒子组构成。西段宽缓,其北翼倾角平缓,为5°～15°,南翼倾角较大;东段受断层影响,其两翼倾角较大。枢纽在平面上呈S形。研究区位于向斜东段。

②断层。根据《淮南矿务局大通煤矿矿井收采报废报告》、安徽省地矿局《淮南市城市区域地质调查报告》以及物探解译,研究区附近主要断层有20条,根据走向分为近东西、西北、北东、近南北向四组。

对本区起控制作用的舜耕山断层(F1)走向近东西,倾向南,倾角为25°～60°,变化大,为逆掩断层,形成于印支—燕山早期,霍邱群逆覆于石炭、二叠系地层之上,断距超过千米。派生断层发育,地层直立或倒转,岩石挤压破碎,构造角砾岩和糜棱岩带宽为30～40m,对煤层有一定的破坏作用,研究区内长约为11km。

本区节理裂隙较发育,以产状为10°∠40°、160°∠70°、100°∠80°、250°∠65°的四组裂隙最为发育,间距一般为0.2～0.5m,密集处为2～3cm,一般无充填。

③新构造运动。第四纪以来的新构造运动继承了第三纪末的特点,地壳升降运动频繁,早更新世时期,受北西西断裂活动的影响,淮河以北的地壳下降,在低洼处见有砂层沉积,淮河以南大面积处于剥蚀状态;中更新世时期,淮河形成,淮河以北下降幅度较大,淮河以南下降幅度较小,在淮河两侧沉积有7m以上厚度的中细砂,在河漫滩沉积了10m以上厚度的泛滥相的粉质黏土夹砂层;晚更新世时期,气候温暖,地壳整体下降,大量的黏土、粉质黏土堆积,厚度达15m以上,冲湖积相沉积遍及全区;全新世时期,地壳下降幅度减缓,现代河流地貌形成,淮河两侧堆积了10～15m厚的松散沉积物。

(2)地震。淮南市属许昌—淮南地震带,该带地震活动的总体特征是地震活动强度弱,频度低。自公元147年以来,该地共记载破坏性地震14次,其中,6

级以上的地震仅有 1 次,即 1831 年潘集附近的 6.25 级地震,震中烈度为 8 度。

自 1970 年安徽省测震台网建立以来,研究区及其附近共记录到 ML≥1.0 级的地震 25 次,其中,ML 为 1.0～1.9 级的地震 9 次,ML 为 2.0～2.9 级的地震 15 次,ML 为 3.0～3.9 级的地震 1 次。地震主要分布在研究区的西北部和南部,最大地震为 1988 年 10 月 13 日发生在淮南西南的 ML 为 3.0 级地震。

根据《中国地震动参数区划图》(GB18306—2001),研究区未来 50 年超越概率为 10％时的场地地震动峰值加速度为 0.10g,对应的地震基本烈度为 7 度。

## 2.4　开采历史

研究区内大通煤矿是淮南矿区最早开发的井田之一,开采历史悠久,明清时期就有土窑开采近地表煤层;抗日战争时期,日本侵略者进行了典型的掠夺式开采;新中国成立以后,对矿山进行了大规模的建设,开采深度达 880m。

大通煤矿是淮南煤矿的发源地,始建于 1903 年,具有上百年的开采历史,井田东到九、大两矿井田分界线,西北部以舜耕山大断层为界,南到太原组灰岩,东西走向长为 3.8km,南北宽为 1.1km,面积为 4.18km²,1978 年报废,累计出煤2746.5 万 t。

大通井田属淮南复向斜东南翼舜耕山倒转单斜构造区,开采煤层为逆掩断层上盘煤层,松散层厚度为 15～30m,煤层走向近东西向,倾向南,倾角为 45°～90°,平均为 70°。开拓方式采用立井、中央石门、集中运输大巷、采区石门、阶段开采煤层群。新中国成立初期,开采方法沿用"高落式",后用倒台阶和水平分层假顶法、伪倾斜柔性掩护支架采煤法。主要开采 N₂ 等 13 层煤层,最大开采深度为 670m(530m 以下属九龙岗矿开采),累计采厚为 25.8m,煤层深厚比约为 25,小于 30。

研究区及其周边还存在几个小煤窑,主要开采大矿残留的边角块段和对厚煤层丢遗煤进行复采,目前还在开采该区域的浅部煤层(-300m 以浅),年产量约为 4 万 t。淮南九龙岗二公司八号井已于 2004 年停产。

煤矿的开采造成大面积的地面塌陷,同时煤炭的采掘又伴随着对地下水的疏干,造成了区域性地下水水位下降,改变了地下水的补径排条件,引发南部灰岩地区岩溶塌陷地质灾害,采空塌陷与岩溶塌陷叠加形成了九大沉陷区。

本区采空塌陷自 20 世纪 50 年代就已产生,并初具规模。据统计,淮南煤田老淮南矿区采空塌陷面积为 35.07km²,平均每采万吨煤塌陷土地为 1.23 亩（1 亩约等于 667m²）。在大通、九龙岗煤矿于 1978 年先后闭坑之后,20 世纪 80 年代塌陷区范围呈增长之势,塌陷中心深度为 5～15m,其中,部分塌陷区已积水成湖,衔接成片。

随着小煤矿的重复开采,原来保留的煤柱和残存的煤层也被开采,造成局部塌陷区有发展的趋势,如九龙岗第四小学教师办公室墙体、地坪开裂,围墙开裂,操场南部下沉,在围墙边积水,院南村东部的一幢三层楼房下沉、开裂等。

## 2.5 社会经济概况

淮南市位于长江三角洲腹地,安徽省中北部,淮河之滨,1950 年依矿建市,素有"中州咽喉,江南屏障"之称,是沿淮城市群的重要节点,是合肥经济圈带动沿淮、辐射皖北的中心城市及门户;是中国能源之都、华东工业粮仓,安徽省重要的工业城市,中国 13 个"较大的市"之一,安徽省 2 个拥有地方立法权的城市之一。淮南市下辖 6 区 1 县,全市总面积为 2585km²,2012 年末全市户籍人口为 243.8 万人。淮南市北拥淮河,南依舜耕,可谓"山水平秋色,彩带串明珠"。境内资源丰富,物产富饶,有"五彩淮南"之称。2012 年全年完成地区生产总值 781.8 亿元。其中,第一产业增加值为 60.6 亿元,第二产业增加值为 501.1 亿元,第三产业增加值为 220.1 亿元,人均 GDP 达 33489 元（折合 5328 美元）,比 2011 年增加 3089 元。

泉大资源枯竭矿区位于淮南市大通区。大通依托境内安徽省乳制品加工龙头企业——益益乳品公司发展奶牛养殖,全区奶牛扩群到 3000 头,为安徽省奶牛第一区。特色农业发展较快,目前,全区特色农产品基地初步形成,先后建成了万亩优质粮、万亩水产、万头生猪、万亩林业、千头奶牛、千亩无公害蔬菜、千亩水产、千亩漂藕、千亩葡萄等基地。"舜丰"牌大米、沈大郢西葫芦、柿元黄瓜等无公害农产品,上窑大闸蟹等农产品享誉省内外。全区主要工业产品有药用 PVC 硬片、服装、新型卷门、啤酒瓶、高档豆制品、水泥预制品、粉煤灰制品等。

# 第 3 章
# 泉大资源枯竭矿区生态环境质量

    泉大资源枯竭矿区(以下简称"泉九地区")位于淮南市中东部,是新中国成立前就开采使用、已报废近 30 年的老矿区,自西向东由老龙眼、洞山、大通和九龙岗四个片区组成,东至九龙岗矿业集团技校新雅新村,南倚舜耕山,西至泉山路,北临洞山路景观大道,面积为 22.2km²。泉九地区是山北老城区和山南新城区之间联系的纽带,是淮南市政治、经济和文化中心,地理位置如图 3-1 所示。

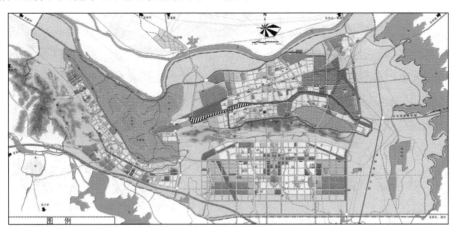

**图 3-1　泉九地区地理位置图**

项目区生态环境功能区主要由建筑用地、耕地和草地、林地、水域和矿业用地组成。根据 2012 年的卫星图片,泉九地区土地利用类型及面积分别为:建筑用地 13.32km²,占总面积的 60.0%;耕地和塌陷区 7.25km²,占总面积的 32.7%;林地 1.13km²,占总面积的 5.1%;水面 0.23km²,占总面积的 1.1%;矿业用地 0.26km²,占总面积的 1.1%(图 3-2)。

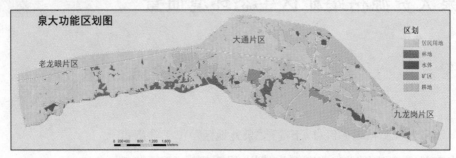

图 3-2　泉九地区土地利用类型

根据淮南市行政区划和生态修复程度,本项目将项目区分为老龙眼、大通和九龙岗三个片区。老龙眼片区以建筑用地为主,本次调研的目标主要为已经修复完成的老龙眼水库及其周围生态林;大通片区主要关注正在修复中的大通湿地;九龙岗片区处于待修复状态。

从 2012 年 4 月到 2013 年底,共进行 10 余次现场调查和样品采集,共采集水样 34 份,土样 60 份,植物样品 30 份,现场植被样方 36 个。水样、土壤和植物样品按《土壤分析技术规范(第二版)》(杜森等,2006)、《水和废水监测分析方法(第四版)》(国家环境保护总局《水和废水监测分析方法》编委会,2002)等分析了养分、重金属含量和植物金属含量。生态系统观测按照森林生态系统、灌丛生态系统和湿地生态系统的检测方法,调查了项目区森林类型、林木植被数量特征、林地植被群落结构、灌木植被特征、植物物种组成和多样性,并对生态环境质量进行了评价。

## 3.1　水环境质量

### 3.1.1　淮南常规监测的水环境质量

据淮南市水利局发布的《淮南市 2011 年水资源公报》,2011 年淮南市境内地表水监测了鲁台子、凤台大桥、李嘴孜上、淮河公铁大桥、田家庵、大涧沟和西淝河闸闸上共 7 个水质监测断面,各断面年测次为 12 次,共 84 次。依据国家

《地表水环境质量标准》(GB3838—2002)和水利行业标准《地表水水资源质量评价技术规程》(SL395—2007)进行评价,评价因子包括 pH、总磷、氨氮、挥发酚、高锰酸盐指数、五日生化需氧量、化学需氧量和溶解氧。鲁台子等 7 个重点水质断面全年总测次中,各类水出现频率为:Ⅱ～Ⅲ类水占 47.62%、Ⅳ～Ⅴ类水占 47.62%、劣Ⅴ类水占 4.76%。

　　淮南市境内水质监测的湖泊有高塘湖和瓦埠湖。高塘湖(水质监测断面在窑河闸上)全年以Ⅲ～Ⅳ类水为主,Ⅲ类水占 16.67%,Ⅳ类水占 75.00%,Ⅴ类水占 8.33%。全年汛期呈轻度富营养化状态,非汛期呈中度富营养化状态。瓦埠湖(水质监测断面为瓦埠湖北湖区、朱集站附近湖区)全年Ⅱ～Ⅲ类水占 83.33%,Ⅳ类水占 16.67%;全年均呈轻度富营养化状态(2011 年淮南市水资源公报)。

## 3.1.2　研究区水环境质量

### 3.1.2.1　样品采集

　　本次实地采样调查了老龙眼水库、大通湿地、塌陷区、垃圾渗滤液池、九龙岗沉陷区等 10 余个水体,在 28 个采样点采集有效水样 34 份。采样位置见表 3-1。

表 3-1　水样采集站位置

| 编号 | 区域 | 采样点 | 经度 | 纬度 | 时间 | 备注 |
|---|---|---|---|---|---|---|
| 1 | 老龙眼 | L1 | 116°58′37.8″ | 32°36′57.2″ | 2012/7/13 | 老龙眼水库 |
| 2 | 老龙眼 | L2 | 116°58′42.8″ | 32°36′58.0″ | 2012/7/13 | 老龙眼水库 |
| 3 | 老龙眼 | L3 | 116°58′47.5″ | 32°37′03.6″ | 2012/7/13 | |
| 4 | 老龙眼 | L4 | 116°58′52.9″ | 32°36′54.7″ | 2012/7/13 | |
| 5 | 大通 | D1 | 117°01′55.2″ | 32°37′31.1″ | 2012/7/13 | 现挖坑 |
| 6 | 大通 | D2 | 117°01′55.8″ | 32°37′30.8″ | 2012/7/13 | 路上小缺口 |
| 7 | 大通 | D3 | 117°01′55.8″ | 32°37′31.4″ | 2012/7/13 | 处理池 1 |
| 8 | 大通 | D4 | 117°01′55.9″ | 32°37′30.6″ | 2012/7/13 | 大通湿地源头水池 2 |
| 9 | 大通 | D5 | 117°01′56.0″ | 32°37′30.2″ | 2012/7/13 | 大通湿地源头水池 1 |
| 10 | 大通 | D6 | 117°01′56.0″ | 32°37′30.5″ | 2012/7/13 | 大通湿地源头水井 |
| 11 | 大通 | D7 | 117°01′56.6″ | 32°37′31.4″ | 2012/7/13 | 处理池 2 |
| 12 | 大通 | D9 | 117°01′57.8″ | 32°37′32.7″ | 2012/7/13 | 梗两侧 |
| 13 | 大通 | D10 | 117°01′57.9″ | 32°37′32.4″ | 2012/7/13 | |

| 编号 | 区域 | 采样点 | 经度 | 纬度 | 时间 | 备注 |
|---|---|---|---|---|---|---|
| 14 | 大通 | D11 | 117°01′57.9″ | 32°37′32.7″ | 2012/7/13 | 梗两侧 |
| 15 | 大通 | D12 | 117°01′58.2″ | 32°37′32.5″ | 2012/7/13 | |
| 16 | 大通 | D13 | 117°01′59.6″ | 32°37′33.7″ | 2012/7/13 | 水 |
| 17 | 大通 | D14 | 117°02′02.3″ | 32°37′33.7″ | 2012/7/13 | |
| 18 | 大通 | D15 | 117°02′02.4″ | 32°37′32.7″ | 2012/7/13 | |
| 19 | 大通 | D21 | 117°02′04.9″ | 32°37′33.4″ | 2012/7/13 | |
| 20 | 大通 | D22 | 117°02′04.9″ | 32°37′35.9″ | 2012/7/13 | 有很多鲢鱼苗 |
| 21 | 大通 | D23 | 117°01′57.6″ | 32°37′30.8″ | 2012/7/4 | 煤矸石填埋小坡 |
| 22 | 大通 | D24 | 117°01′58.6″ | 32°37′30.8″ | 2012/7/4 | 煤矸石填埋小坡 |
| 23 | 大通 | D25 | 117°01′56.2″ | 32°37′30.0″ | 2012/7/4 | 滤池旁芦苇生长过剩处 |
| 24 | 大通 | D26 | 117°01′55.6″ | 32°37′30.8″ | 2012/7/4 | 水样呈明显的棕红色 |
| 25 | 大通 | D27 | 117°01′56.3″ | 32°37′30.1″ | 2012/7/4 | 滤池附近 |
| 26 | 大通 | D28 | 117°01′56.4″ | 32°37′29.9″ | 2012/7/4 | 生长有黄花菜 |
| 27 | 九龙岗 | J12 | 117°02′37.4″ | 32°37′36.6″ | 2012/7/13 | |
| 28 | 九龙岗 | J13 | 117°02′37.5″ | 32°37′36.8″ | 2012/7/13 | |

### 3.1.2.2 分析方法

本次研究分析了 pH、DO、COD、总磷、总氮、氨氮、Cu、Pb、Cr、Cd、Hg 等指标,分析指标及分析方法见表 3-2。

表 3-2 水质分析指标及分析方法

| 水质分析指标 | 分析方法 |
|---|---|
| 时间 | DO 测定仪 |
| pH | pH 测定仪 |
| 溶解氧 | DO 测定仪 |
| 温度 | DO 测定仪 |
| $NH_3-N$ | 钠氏试剂比色法 |
| COD | 重铬酸盐法 |
| 总氮 | 碱性过硫酸钾消解紫外分光光度法 |
| 总磷 | 钼酸铵分光光度法 |
| 硫酸盐含量 | 铬酸钡光度法 |
| Cu、Pb、Cr、Cd、Hg | 火焰原子吸收分光光度法 |

### 3.1.2.3　水体营养状况

检测结果表明,老龙眼水库水质较好,仅有 COD 处于Ⅳ类水平,其余指标均为Ⅱ~Ⅲ类。其他水体均为Ⅴ类或劣Ⅴ类,主要污染物质为 DO、COD 和总氮。

pH 测定结果表明,所有点位水样均呈碱性,其中,九龙岗研究区水质碱性较弱,老龙眼研究区碱性次之。大通湿地研究区内原化工厂废址处,水样点的设置主要集中在斜坡,煤矸石淋滤小坡与原化工厂废弃地周围的芦苇生长区域表现出极强的碱性。D1 点水样呈明显的棕红色,D6 点水样附近生长有黄花菜,但pH 达 10.567。

老龙眼研究区 COD 较低,九龙岗研究区 COD 次之,而大通湿地内废水井与滤池之间两个点位水样 COD 分别高达 115mg/L、496mg/L,其余点位 COD 为 20~70mg/L。

氮磷硫指标测试结果表明,大通湿地研究区内总氮含量普遍偏高,同时,氨氮含量普遍严重超标。总磷除滤池旁 D1 号点位外,其余含量并不是太高,其中,D9 点位于滤池旁芦苇生长茂盛处,其总磷含量为 0.042mg/L,可能的原因是芦苇密集生长,吸收许多磷进入植物体内,导致水体中磷含量较低。湿地上游是原化工厂遗址,有大量氮磷、有机物浸出,水质恶劣。湿地内生长了大片的芦苇,可以利用自然生态系统的物理、化学和生物的三重作用,净化上游污水池流下来的污水,通过吸收、吸附、过滤、离子交换、络合等途径,去除上游来水的氮磷营养物质,降解有机物,提高水体的溶氧量。

硫酸盐含量检测结果表明,老龙眼研究区最低,九龙岗研究区有部分超标严重,而大通湿地研究区内水体硫酸盐含量超过老龙眼研究区水体数倍甚至数十倍,这可能与废矿被雨水长期冲刷淋溶出大量硫有关,同时,这也是大通湿地研究区内土壤硫含量和植被中硫含量高于其他区域的原因。

### 3.1.2.4　水体重金属状况

不同修复时限下,三大研究区内水体中 Cu 含量均超出水体环境质量二级标准。只有大通湿地研究区内源头水井 5 号和芦苇地 16 号中 Cr 含量分别超出标准 4.3 倍和 1.8 倍。三大研究区内水体中 Cd 含量全部超标,尤其是大通湿地研究区内 Cd 含量,超出范围为 1.1~4.9 倍。Hg 在三大研究区内的水体中全部超标,其中,九龙岗和老龙眼研究区水体中平均超出 50 倍,而大通湿地研究区内水体中 Hg 含量大部分的超出倍数在平均范围内,但现挖坑和处理池内的水体中 Hg 含量超出标准 372 倍和 119 倍,在大通湿地塌陷坑内地势最低处的 12

号甚至超出了数千倍。这可能是由于该点位正好在垃圾填充斜坡和煤矸石填充斜坡交汇处,并且是整个塌陷区内的地势最低处,长期的雨水淋溶和处理池内水溢流使得该点位的重金属含量最高。

### 3.1.2.5 水质评价

为了综合评价三个不同修复时限下塌陷区内水环境质量,选择 pH、DO、COD、氨氮、总氮(TN)、总磷(TP)、Pb、Cu、Cr、Cd、Hg、硫酸盐等 12 个参数,评价标准采用地面水环境质量二类标准(GB3838—1988),水质指数计算采用内梅罗综合指数法。结果见表 3-3。

表 3-3  不同修复时限下三大研究区水体质量评价结果

| 片区 | 编号 | pH | DO | COD | 总磷 | 总氮 | 内梅罗综合指数 |
|---|---|---|---|---|---|---|---|
| 老龙眼 | 1 |  | II | IV | II | IV | 82.217 |
|  | 2 |  | II | IV | II | III | 8.411 |
|  | 3 | I | II | IV | II | III | 15.878 |
|  | 4 |  | III | IV | II | I | 34.207 |
| 大通 | 5 | 劣V | V | 劣V | 劣V | 劣V | 15.836 |
|  | 6 |  | 劣V | 劣V | II | 劣V | 45.040 |
|  | 7 | 劣V | I | 劣V | II |  | 109.120 |
|  | 8 | 劣V | 劣V |  |  |  | 23.013 |
|  | 9 |  | II | IV | II |  | 264.959 |
|  | 10 | 劣V | 劣V | 劣V | II | 劣V | 84.821 |
|  | 11 | 劣V | II | 劣V | II | II | 55.514 |
|  | 12 |  | V | 劣V | III | 劣V | 4330.832 |
|  | 13 |  | 劣V | 劣V | II | 劣V | 8.514 |
|  | 14 |  | 劣V | 劣V | IV | 劣V | 24.476 |
|  | 15 |  | V | 劣V | IV | 劣V | 15.996 |
|  | 16 |  | 劣V | 劣V | II | 劣V | 23.296 |
|  | 17 | I | 劣V | 劣V | III | 劣V | 10.984 |
|  | 18 | IV | 劣V | 劣V | II | 劣V | 14.743 |
|  | 19 | IV | 劣V | 劣V |  | V | 28.582 |
|  | 20 | III | 劣V | V | III | IV | 22.038 |
| 九龙岗 | 21 | I | 劣V | V | III | 劣V | 62.781 |
|  | 22 | I | V | V | III | 劣V | 27.898 |

由以上内容可以看到,研究区中除老龙眼水库外,大部分地区水体水质都为 V 类或劣 V 类,各污染指标普遍超出国家地表水标准。可能是由于受到垃圾以及煤矸石渗滤液的影响,大通湿地源头水质最差,故需要进一步进行修复。

## 3.2　土壤环境质量

### 3.2.1　样品采集

土壤类型复杂多样,淮河以北的平原地区,基质是古河流沉积物,主要为黄棕壤,局部有砂礓黑土,深层土壤为黏性土壤。淮河沿岸的湾地为潮土类土壤。泉大区范围基本为湾地与丘陵相交,基质为下蜀系黄土,土壤主要为黄棕壤,土层深厚,缺磷少钾,土壤中氮肥含量不均,碳含量比较丰富。

本次研究按照网格布点,对泉大地区分 3 次采集土样 105 份。其中,2012 年 7 月 4 日采集大通湿地分层土样 27 点位 57 份样品,每个样点分 3 层(0～10cm、10～20cm、20～30cm);2012 年 7 月 11 日采集老龙眼、洞山、大通湿地片区表层土样 21 份;2012 年 11 月 24 日采集大通湿地源头典型垃圾填埋区 20cm左右土样 18 份,九龙岗土样 9 份。

现场采集土壤样品约 1kg,带回实验室进行风干处理。风干时将样品平铺在干净的纸上,摊成薄层,于室内阴凉通风处风干,避免阳光直晒。风干过程中应经常翻动样品,加速其干燥。风干场所应防止酸、碱等气体及灰尘的污染。当土样达到半干时,及时将大土块捏碎。采用四分法取适量风干样品,剔除土壤以外的侵入体,如动植物残体、砖块、石块等,再用圆木棍将土样碾碎,然后通过 18号筛,留在筛上的土块重新碾碎,如此反复,使土壤全部过筛。过筛后的土样应充分混匀,装入自封袋中备用。储存期间,应尽量避免日光、高温、潮湿、酸碱气体等的影响。

### 3.2.2　分析项目和分析方法

分析项目和分析方法见表 3-4。按标准要求随机抽取 20％样品进行 3 次重复分析和 3 次土壤标准样品内标法加标处理,进行质量控制,以保证测定结果准确可靠。

表 3-4　土壤分析项目和分析方法

| 成分 | 浸提及主要测定方法 |
|------|------------------|
| pH | 水(去 $CO_2$)浸提(1:2.5)—电位法测定 |
| 碳(%) | 元素分析仪 |
| 氮(%) | 元素分析仪 |
| 氢(%) | 元素分析仪 |
| 全磷 | NaOH 熔融—钼锑抗比色法 |
| 全钾 | NaOH 熔融—等离子体光谱法 |
| 水解性氮 | 碱解—扩散法 |
| 有效磷 | 碳酸氢钠浸提(1:20)—钼锑抗比色法测定(中性、石灰性土) |
| 速效钾 | 乙酸铵交换(1:10)—等离子体光谱法 |
| 阳离子交换量 | EDTA—乙酸铵交换 |
| 交换性钙、镁、钠、钾 | EDTA—乙酸铵交换(上清液)—等离子光谱法测定(中性、酸性土) |
| 汞 | 测汞仪 |
| 铜、铬、镉、铅 | 盐酸:硝酸:氢氟酸:高氯酸为 2:3:2:1 消解—火焰原子吸收分光光度测定 |

## 3.2.3　土壤肥力

本研究采用总碳、总氮、总磷、速效磷、总钾、碱解性氮、速效钾、土壤阳离子交换容量(CEC)、交换性钾、交换性钠、交换性钙、交换性镁、钠百分比(ESP,即交换性钠占土壤交换性阳离子的百分比)等指标来标示泉大地区土壤肥力。

老龙眼生态修复区分析结果见表 3-5。

表 3-5　老龙眼采样点土壤肥力指标测定结果

| 项目 | 西北侧 | 等级 | 半岛 | 等级 | 南侧 | 等级 | 东侧 | 等级 |
|------|--------|------|------|------|------|------|------|------|
| 酸碱度 | 7.29 | 弱碱性 | 7.66 | 碱性 | 7.56 | 碱性 | 7.54 | 碱性 |
| 总碳(%) | 3.02 | — | 1.28 | — | 1.03 | — | 6.19 | — |
| 总氮(%) | 0.46 | 很丰富 | 0.33 | 很丰富 | 0.29 | 很丰富 | 0.53 | 很丰富 |
| 总磷(g/kg) | 0.40 | 很缺乏 | 0.41 | 缺乏 | 0.33 | 很缺乏 | 0.39 | 很缺乏 |
| 速效磷(mg/kg) | 11.65 | 中等 | 23.55 | 丰富 | 4.13 | 很缺乏 | 8.72 | 缺乏 |
| 总钾(g/kg) | 16.12 | 中等 | 12.20 | 缺乏 | 14.40 | 缺乏 | 16.83 | 中等 |
| 碱解性氮(mg/kg) | 73.50 | 缺乏 | 68.25 | 缺乏 | 87.50 | 缺乏 | 129.50 | 丰富 |
| 速效钾(mg/kg) | 113.78 | 中等 | 202.15 | 很丰富 | 156.88 | 丰富 | 314.60 | 很丰富 |
| CEC | 23.75 | 一级 | 30.33 | 一级 | 19.71 | 二级 | 26.57 | 一级 |
| 交换性钾 | 2.89 | | 3.87 | | 3.37 | | 4.16 | |
| 交换性钠 | 0.35 | | 0.51 | | 0.45 | | 0.36 | |
| 交换性钙 | 17.81 | | 21.79 | | 12.50 | | 17.35 | |
| 交换性镁 | 2.71 | | 4.16 | | 3.38 | | 4.70 | |
| ESP | 0.01 | 无碱化 | 0.02 | 无碱化 | 0.02 | 无碱化 | 0.01 | 无碱化 |

由表 3-5 可以看出,土壤均呈现一定程度的碱性。水库西北侧为居民区和道路,土壤受人类活动影响较大,土壤养分状况大多为中等水平;半岛为三面被水库包围的土壤,磷含量高于其他区域;南侧为裸露地,各营养元素均为本区域最低水平,阳离子交换性能也较差;东侧为次生植被下土壤,植被密集,受人类干扰较少,同时有植被的固定作用,除磷缺乏外,其他养分含量比较丰富。总体来看,老龙眼水库生态区土壤碳含量分布不均,总氮含量都很丰富,但可被植物利用的氮素含量除东侧次生植被下外都很缺乏,土壤中钾素营养状况较好,水库附近的土壤阳离子交换量在二级水平以上。

大通湿地生态修复区分析结果见表 3-6。

表 3-6　大通湿地生态修复区分析结果

| | 滤池西侧 25m | 滤池西侧 10m | 滤池东侧 15m | 滤池南侧 40m | 滤池南侧 20m | 滤池北侧 20m | 滤池北侧 40m | 现挖坑 | 湿地源头水池 | 土、植 | 树、土 |
|---|---|---|---|---|---|---|---|---|---|---|---|
| 酸碱度 | 7.874 ±0.03 | 9.503 ±0.03 | 7.833 ±0.03 | 7.620 ±0.03 | 8.114 ±0.03 | 7.332 ±0.03 | 7.588 ±0.03 | 10.103 ±0.03 | 7.515 ±0.03 | 7.305 ±0.03 | 7.754 ±0.03 |
| N(%) | 0.270 | 0.270 | 0.310 | 0.260 | 0.280 | 0.310 | 0.280 | 0.250 | 0.320 | 0.320 | 0.320 |
| C(%) | 0.270 | 0.420 | 1.540 | 0.510 | 0.390 | 2.410 | 0.440 | 0.640 | 1.180 | 1.310 | 0.720 |
| H(%) | 0.867 | 0.883 | 0.839 | 0.899 | 0.924 | 1.071 | 0.838 | 0.909 | 0.913 | 0.682 | 1.095 |
| 碱解性氮 (g/kg) | 13.980 ±1.02 | 6.951 ±1.02 | 27.768 ±1.02 | 10.402 ±1.02 | 6.956 ±1.02 | 17.384 ±1.02 | 10.443 ±1.02 | 17.410 ±1.02 | 45.230 ±1.02 | 45.157 ±1.02 | 34.759 ±1.02 |
| 全磷 (%) | 0.010 ±0.008 | 0.038 ±0.008 | 0.041 ±0.008 | 0.030 ±0.008 | 0.041 ±0.008 | 0.024 ±0.008 | 0.036 ±0.008 | 0.019 ±0.008 | 0.044 ±0.008 | 0.031 ±0.008 | 0.038 ±0.008 |
| 速效磷 (mg/kg) | 7.915 ±0.006 | 8.208 ±0.006 | 0.167 ±0.006 | 11.033 ±0.006 | 4.633 ±0.006 | 0.138 ±0.006 | 3.251 ±0.006 | 4.761 ±0.006 | 3.507 ±0.006 | 1.002 ±0.006 | 1.628 ±0.006 |
| 全钾 (g/kg) | 0.317 ±0.465 | 17.104 ±0.465 | 6.557 ±0.465 | 14.704 ±0.465 | 10.334 ±0.465 | 13.303 ±0.465 | 10.504 ±0.465 | 22.378 ±0.465 | 18.608 ±0.465 | 12.226 ±0.465 | 3.222 ±0.465 |
| 速效钾 (mg/kg) | 102.6 ±11.9 | 174.6 ±11.9 | 133.9 ±11.9 | 225.4 ±11.9 | 139.9 ±11.9 | 242.9 ±11.9 | 132.2 ±11.9 | 455.3 ±11.9 | 219.5 ±11.9 | 97.9 ±11.9 | 148.2 ±11.9 |
| 交换性 $K^+$ (cmol/kg) | 1.026 ±0.30 | 1.275 ±0.30 | 1.58 ±0.30 | 1.591 ±0.30 | 0.744 ±0.30 | 1.314 ±0.30 | 1.340 ±0.30 | 5.616 ±0.30 | 3.018 ±0.30 | 3.451 ±0.30 | 3.312 ±0.30 |
| 交换性 $Na^+$ (cmol/kg) | 0.339 ±0.16 | 1.099 ±0.16 | 0.532 ±0.16 | 0.536 ±0.16 | 0.389 ±0.16 | 0.397 ±0.16 | 0.502 ±0.16 | 1.160 ±0.16 | 0.370 ±0.16 | 0.554 ±0.16 | 0.439 ±0.16 |

续表

| | 滤池西侧 25m | 滤池西侧 10m | 滤池东侧 15m | 滤池南侧 40m | 滤池南侧 20m | 滤池北侧 20m | 滤池北侧 40m | 现挖坑 | 湿地源头水池 | 土、植 | 树、土 |
|---|---|---|---|---|---|---|---|---|---|---|---|
| 交换性 Ca$^{2+}$ (cmol/kg) | 14.47 ±1.52 | 3.67 ±1.52 | 19.81 ±1.52 | 19.95 ±1.52 | 13.27 ±1.52 | 14.87 ±1.52 | 17.66 ±1.52 | 8.65 ±1.52 | 12.72 ±1.52 | 15.98 ±1.52 | 24.31 ±1.52 |
| 交换性 Mg$^{2+}$ (cmol/kg) | 3.895 ±0.45 | 1.332 ±0.45 | 5.632 ±0.45 | 5.671 ±0.45 | 4.603 ±0.45 | 3.494 ±0.45 | 4.567 ±0.45 | 0.949 ±0.45 | 2.491 ±0.45 | 2.211 ±0.45 | 3.366 ±0.45 |
| CEC (cmol/kg) | 19.732 ±1.99 | 7.375 ±1.99 | 27.555 ±1.99 | 27.748 ±1.99 | 19.008 ±1.99 | 20.076 ±1.99 | 24.071 ±1.99 | 16.370 ±1.99 | 18.594 ±1.99 | 22.193 ±1.99 | 31.424 ±1.99 |
| ESP | 0.017 ±0.01 | 0.149 ±0.01 | 0.019 ±0.01 | 0.019 ±0.01 | 0.020 ±0.01 | 0.020 ±0.01 | 0.021 ±0.01 | 0.071 ±0.01 | 0.02 ±0.01 | 0.025 ±0.01 | 0.014 ±0.01 |

大通湿地分层样的有机质表现出明显的规律性:塌陷坑南北两边为原生未塌陷区,有机质含量分布为从上到下依次降低,而且有机质含量较高,表明原有植被的落叶等为土壤提供了大量有机质;中间修复区分层呈现为有机质含量从上往下层逐渐增加,表明修复区覆土有机质在向下淋溶,土壤尚未稳定,较为贫瘠。土壤全氮均大于2g/kg,处在很丰富的级别,变异系数为6.55%,说明不同的复垦类型对全氮含量的影响较小。土壤全磷含量平均值为0.36g/kg,说明该塌陷区内土壤磷素处于低等和极低等级,变异系数为17.36%,不同采样点土壤中的速效磷含量范围为0.14~11.60mg/kg。土壤全钾含量处于中等水平,速效钾含量处于高至极高水平,总体来看,钾素不是该塌陷区土壤中最缺乏的养分。选取土壤总碳(TC)、碳/氮(C/N)、总氢(TH)、总氮(TN)、总磷(TP)、氨氮(AN)、CEC、ESP、速效磷(AP)、速效钾(AK)、全钾(SK)、pH、交换性K$^+$、交换性Na$^+$、交换性Ca$^{2+}$、交换性Mg$^{2+}$等16个环境因子作为主成分分析的评价指标,先对原始数据进行数据标准化处理,接着求出各指标的相关系数矩阵,计算出特征值和特征向量以及贡献率和累积贡献率,最后得到主成分得分和土壤肥力状况综合得分。土壤肥力状况综合得分为−5.64~1.06,一般土壤正常值为2~3。结果表明,大通生态修复区土壤肥力较为贫瘠。

九龙岗片区分析结果见表3-7。

表3-7　九龙岗片区采样点土壤肥力指标测定结果

| 采样点 | 经度 | 纬度 | 土壤肥力状况 | 肥力等级 | 地点 | 酸碱度 | N(%) | C(%) | 碱解性氮(g/kg) | 全磷(%) | 速效磷(mg/kg) | 全钾(g/kg) | 速效钾(mg/kg) | CEC(cmol/kg) | ESP |
|---|---|---|---|---|---|---|---|---|---|---|---|---|---|---|---|
| J1 | 117.0656 | 32.63028 | 0.638533 | 缺乏 | 垃圾处理厂旁煤堆 | 7.627 | 0.570 | 10.000 | 48.563 | 0.075 | 16.035 | 12.360 | 225.3 | 18.040 | 0.018 |
| J2 | 117.0659 | 32.63185 | 3.238573 | 很丰富 | 菜地,芦苇荡间田埂 | 7.594 | 0.330 | 0.720 | 34.717 | 0.046 | 37.540 | 11.072 | 103.9 | 20.685 | 0.019 |
| J3 | 117.0705 | 32.62095 | 1.404697 | 中等 | 桃树园 | 7.333 | 0.360 | 1.570 | 52.034 | 0.084 | 33.153 | 11.149 | 120.6 | 21.253 | 0.019 |
| J4 | 117.073 | 32.60036 | 0.322027 | 缺乏 | 变电站鱼塘旁 | 7.363 | 0.260 | 0.410 | 48.709 | 0.022 | 1.837 | 16.243 | 100.1 | 17.269 | 0.02 |
| J5 | 117.0737 | 32.61183 | −0.04252 | 很缺乏 | 高架与省道交叉口树林 | 7.611 | 0.300 | 0.840 | 28.438 | 0.033 | 11.858 | 11.830 | 106.8 | 20.398 | 0.018 |
| J6 | 117.0742 | 32.61517 | 2.708212 | 丰富 | | 7.318 | 0.330 | 0.730 | 17.354 | 0.018 | 0.167 | 5.993 | 138.4 | 23.365 | 0.017 |
| J7 | 117.0751 | 32.61978 | 2.014061 | 中等 | 堆石场 | 7.772 | 0.330 | 2.960 | 31.199 | 0.038 | 0.376 | 8.493 | 98.4 | 17.569 | 0.022 |
| J8 | 117.0885 | 32.615 | −1.14126 | 极缺乏 | 果树苗田田旁 | 7.222 | 0.340 | 1.040 | 52.144 | 0.024 | 13.110 | 9.227 | 99.5 | 22.952 | 0.018 |
| J9 | 117.0981 | 32.62092 | −0.00372 | 很缺乏 | 农田 | 6.604 | 0.330 | 1.000 | 34.792 | 0.058 | 10.815 | 14.816 | 103.2 | 22.955 | 0.023 |
| J10 | 117.0429 | 32.62717 | 2.718604 | 丰富 | 右照线 | 7.441 | 0.480 | 4.030 | 27.836 | 0.052 | 31.050 | 10.671 | 525.4 | 26.997 | 0.018 |
| J11#1 | 117.0431 | 32.62678 | 1.2023 | 中等 | | 7.772 | 0.350 | 2.370 | 27.804 | 0.039 | 10.604 | 13.055 | 189.2 | 24.133 | 0.017 |
| J14 | 117.0526 | 32.61922 | 4.167009 | 很丰富 | 坟场 | 7.502 | 0.400 | 2.640 | 98.030 | 0.030 | 6.429 | 13.285 | 266.1 | 17.171 | 0.019 |
| J15 | 117.0527 | 32.62756 | 1.593267 | 中等 | 曙光煤矿门口煤泥,路边 | 7.749 | 0.540 | 15.980 | 27.836 | 0.034 | 7.682 | 8.203 | NA | 17.708 | 0.029 |
| J16 | 117.0538 | 32.61375 | 0.916751 | 缺乏 | | 7.795 | 0.360 | 3.390 | 53.553 | 0.012 | 16.032 | 12.435 | 197.8 | 20.380 | 0.024 |
| J17 | 117.0538 | 32.61447 | 0.444449 | 缺乏 | 菜地 | 7.488 | 0.410 | 1.900 | 66.009 | 0.035 | 5.593 | 11.747 | 310.6 | 22.929 | 0.020 |
| J18 | 117.0555 | 32.60231 | 3.934568 | 很丰富 | 旱地 | 7.484 | 0.350 | 1.360 | 38.862 | 0.036 | 4.340 | 16.273 | 138.3 | 23.326 | 0.016 |
| J19 | 117.0622 | 32.60319 | 0.55013 | 缺乏 | 山头 | 7.226 | 0.620 | 4.270 | 107.667 | 0.038 | 9.978 | 20.430 | 281.1 | 28.909 | 0.017 |
| J20 | 117.0646 | 32.6222 | 0.84425 | 缺乏 | 旱地 | 7.152 | 0.330 | 1.000 | 208.004 | 0.030 | 1.420 | 16.269 | 135.5 | 27.203 | 0.013 |

从表 3-7 可以看出,九龙岗片区土壤基本呈弱碱性,在 7.15 和 7.80 之间,仅有 J9 农田为弱酸性,总氮含量为 0.26%～0.62%,且大多处于 0.3% 和 0.4% 之间。总碳差别明显,J1 和 J15 点比其他各点高出很多,主要是由此两点样品中含有大量散落的煤所致,碱解性氮大多数为 20～60g/kg,与淮南其他地区的土壤碱解性氮含量持平,三个异常高的点分别为旱地 J20,208g/kg;山地头 J19,108g/kg;坟场 J14,98g/kg。只有九龙岗 J1、J3 和 J9 号点位土壤全磷含量较好,九龙岗 1 号点位为垃圾处理厂煤堆旁,由于有大量的生活垃圾、建筑垃圾和化工厂垃圾,种类丰富,这些垃圾都或多或少含有不同形态的磷,再加上该处理没有完善的垃圾渗滤液导流系统,致使垃圾渗滤液随地势到处漫流,从而造成磷含量远高于其他类型土壤。其他点位土壤含磷量严重偏低,尤其是九龙岗的 J16 号点位,其土壤含磷量最低。速效磷是可以被植物直接利用的磷素,九龙岗 J2、J3 和 J10 号点位的速效磷状况为丰富,最高含量为 37.54mg/kg。该区域大部分土壤呈现不同程度的速效磷缺乏,J6、J7 号点位速效磷含量低至 0.167mg/kg。该区域土壤全钾含量差别不明显,位于 6g/kg 和 20g/kg 之间,大多位于 10g/kg 附近。速效钾含量大多数为 100～200mg/kg,但 J10 点速效钾含量异常偏高,总钾含量却不高,其中原因有待进一步分析。

根据前文土壤肥力计算方式,得到九龙岗片区土壤肥力指数为-1.1～4.2。其中,大于土壤正常值 3 的有 3 个点,分别为 J2 田梗、J14 坟场和 J18 旱地,而小于土壤正常值 2 的站点有 12 个,占总采样站位的 66.7%,说明淮南泉大资源枯竭矿区九龙岗片区的土壤肥力明显偏低。

### 3.2.4 土壤中重金属含量测定

为了探讨化工垃圾及煤矸石充填复垦土壤的环境特征,在大通煤矿塌陷区内布设一条贯穿 A 背景区(人工混交林)、B 化工垃圾充填区、C 煤矸石充填区的土壤采样线,每隔 10m 采集土样并调查植被情况,分析土壤养分及重金属污染状况,并对该区土壤环境进行修复效果评价。

两种充填复垦模式土壤重金属变化特征见表 3-8。

表 3-8　两种充填复垦模式下土壤重金属含量测定结果

| 编号 | 位置 | Cu | Pb | Cr | Cd | Hg |
|---|---|---|---|---|---|---|
| 1 | A 坡面 | 28.34 | 100.64 | 382.23 | 1.21 | 0.02 |
| 2 | A 坡底 | 31.53 | 103.86 | 397.30 | 1.20 | 0.02 |
| 3 | B 调节池 | 30.99 | 103.84 | 397.22 | 3.39 | 0.01 |

续表

| 编号 | 位置 | Cu | Pb | Cr | Cd | Hg |
|---|---|---|---|---|---|---|
| 4 | B混合池 | 29.75 | 101.69 | 392.30 | 5.95 | 0.02 |
| 5 | B澄清池 | 37.09 | 107.22 | 402.66 | 2.30 | 0.02 |
| 6 | B坡底 | 28.32 | 103.90 | 382.08 | 5.58 | 0.04 |
| 7 | C坡底 | 34.19 | 100.50 | 389.38 | 1.20 | 0.04 |
| 8 | C坡面 | 28.33 | 100.62 | 366.78 | 3.39 | 0.01 |
| 9 | C坡顶 | 32.07 | 100.58 | 382.00 | 1.20 | 0.01 |
| 平均值 | | 31.18 | 102.54 | 387.99 | 2.83 | 0.02 |
| 标准方差 | | 2.99 | 2.32 | 10.96 | 1.90 | 0.01 |
| 变异系数% | | 9.6 | 2.3 | 2.8 | 67.1 | 48.7 |
| 淮南土壤背景值 | | 24.20 | 30.47 | 64.90 | 0.06 | 0.04 |
| 环境质量二级标准 | | 100.00 | 350.00 | 250.00 | 0.60 | 1.00 |

泉大地区土壤重金属分布结果见表3-9。根据土壤环境质量标准(GB15618—1995)二级标准计算的各种重金属的单因子污染指数($P_i$)来看(如图3-3所示),矿区最主要的污染元素为Cd,其含量分布波动较大,其中,煤矸石充填斜坡上的9号点Cd含量超标11.3倍,A区超标程度最低。土壤Cr含量超标1.53~1.95倍,B区Cr含量低于其他区,这可能与土壤呈碱性及化工垃圾中含有的可与其发生螯合作用的物质有关。样品中Pb、Cu含量平均值均达到二级标准,所有样品中Hg含量均达到一级标准。

表3-9　泉大地区土壤重金属含量分布(单位:mg/kg)

| 采样点 | Cu | Pb | Cr | Cd | Hg |
|---|---|---|---|---|---|
| L1 | 16.50 | 236.50 | 267.00 | 3.07 | 0.05 |
| L2 | 82.50 | 140.50 | 469.50 | 1.97 | 0.03 |
| L3 | 46.00 | 140.50 | 436.00 | 2.38 | 0.04 |
| L4 | 57.00 | 159.50 | 554.00 | 2.28 | 0.09 |
| D5 | 42.00 | 63.50 | 419.00 | 1.84 | 0.01 |
| D6 | 71.50 | 140.50 | 537.00 | 2.62 | 0.02 |
| D7 | 27.50 | 159.50 | 419.00 | 1.97 | 0.08 |
| D8 | NA | 179.00 | 351.50 | 2.42 | 0.02 |
| J9 | 64.00 | 159.50 | 554.00 | 2.28 | 0.07 |
| J10 | 64.00 | 179.00 | 351.50 | 2.97 | 0.07 |
| J11 | 57.00 | 217.50 | 317.50 | 1.84 | 0.06 |

| 采样点 | Cu | Pb | Cr | Cd | Hg |
|---|---|---|---|---|---|
| J12 | 49.23 | 113.75 | 412.66 | 3.39 | 0.54 |
| J13 | 34.21 | 100.56 | 397.30 | 4.49 | 0.07 |
| J14 | 28.86 | 103.88 | 428.12 | 2.30 | 0.10 |
| J15 | 57.00 | 159.50 | 452.50 | 2.59 | 0.05 |
| J16 | 123.00 | 544.00 | 469.50 | 3.62 | 0.78 |
| J17 | 75.00 | 179.00 | 537.00 | 3.58 | 0.12 |
| J18 | 35.00 | 140.50 | 402.00 | 2.28 | 0.08 |
| J19 | NA | 102.00 | 452.50 | 2.08 | 0.04 |
| J20 | 68.00 | 198.00 | 503.50 | 2.59 | 0.05 |
| J21 | 26.72 | 97.32 | 328.33 | 0.11 | 0.04 |
| J22 | 24.03 | 107.18 | 405.06 | 3.39 | 0.04 |
| J23 | 24.57 | 103.92 | 389.84 | 2.30 | 0.02 |
| J24 | 30.49 | 103.96 | 366.92 | 1.20 | 0.08 |
| J25 | 71.50 | 198.00 | 554.00 | 2.38 | 0.03 |
| J26 | 44.91 | 110.38 | 420.10 | 3.39 | 0.70 |
| J27 | 25.11 | 100.62 | 397.53 | 1.20 | 0.04 |
| Z1 | 29.39 | 97.28 | 366.63 | 3.39 | 0.01 |
| Z2 | 32.07 | 100.56 | 374.24 | 3.39 | 0.01 |
| Z3 | 30.99 | 103.86 | 374.24 | 3.39 | 0.01 |
| Z4 | 32.64 | 100.66 | 366.92 | 5.59 | 0.01 |
| Z5 | 30.48 | 103.92 | 374.47 | 1.20 | 0.02 |
| Z6 | 37.09 | 107.22 | 402.66 | 2.30 | 0.07 |
| Z7 | 29.95 | 100.64 | 374.54 | 1.20 | 0.02 |
| Z8 | 29.40 | 97.30 | 359.02 | 3.39 | 0.05 |
| Z9 | 28.87 | 97.34 | 374.54 | 7.78 | 0.02 |
| H1 | 28.34 | 100.64 | 382.23 | 1.20 | 0.02 |
| H2 | 31.53 | 103.86 | 397.30 | 1.20 | 0.02 |
| H3 | 30.99 | 103.84 | 397.22 | 3.39 | 0.01 |
| H4 | 29.75 | 101.69 | 392.30 | 5.95 | 0.02 |
| H5 | 37.09 | 107.22 | 402.66 | 2.30 | 0.02 |
| H6 | 28.32 | 103.90 | 382.08 | 5.58 | 0.04 |
| H7 | 34.19 | 100.50 | 389.38 | 1.20 | 0.04 |
| H8 | 28.33 | 100.62 | 366.78 | 3.39 | 0.01 |
| H9 | 32.07 | 100.58 | 382.00 | 1.20 | 0.01 |

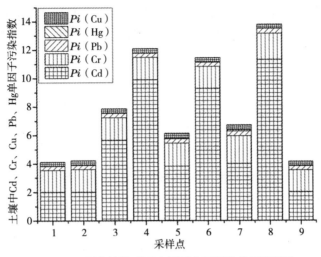

**图 3-3　不同充填模式下土壤重金属污染单因子指数**

可见,大通湿地不同的充填复垦模式对不同重金属的含量分布影响不同,但综合来看,A 区这 5 种重金属含量要低于其他区域,而在以往研究中发现,淮南市其他区域土壤中重金属含量相对较低。如张文涛(2012)研究了平圩电厂周围51 个表层土壤样品中 Co、Cr、Cu、Mn、Ni、Pb、Zn、Hg 等 8 种重金属元素的环境地球化学特征,表层土壤中平均值分别为 18.47mg/kg、89.64mg/kg、18.69mg/kg、362.68mg/kg、10.06mg/kg、9.28mg/kg、70.59mg/kg、0.0193mg/kg。而大通湿地经过修复,重金属浓度均尚未能恢复到淮南土壤本地值,因此,不适宜作为耕地重复使用,现将大通湿地改造为城市公园景观用地是比较合适的。

### 3.2.5　土壤中养分和重金属评价

#### 3.2.5.1　土壤中养分评价

泉大资源枯竭矿区塌陷区内部分土壤呈现弱碱性,基本在土壤酸碱度的正常范围。但大通湿地生态区内,尤其是滤池旁采样点的土壤酸碱度呈强碱性,已经超出土壤酸碱度的正常范围,原因可能有以下几点:一是该区原为生产泡花碱及沸石的某化工厂,其生产工艺中产生导致土壤偏碱性的物质;二是工厂倒闭拆除后土壤中混有大量的建筑垃圾,建筑垃圾中含有石灰等碱性材料,从而直接导致 pH 偏高;三是由于研究区为高潜水位地区,季节性积水蒸发后造成土壤表层盐分积累,从而造成反碱现象。

老龙眼水库生态区土壤养分状况分别为:L1 号为水库附近,西侧为居民区,土壤受人类活动影响较大,土壤养分状况大多为中等水平;L2 号是三面被水库包围的土壤,该区域土壤受水库影响较大,磷含量高于其他区域;L3 号为裸露地,各营养元素均为本区域最低水平,阳离子交换性能也较差;L5 号植被下土壤受人类干扰较少,同时有植被的固定作用,除磷缺乏外,其他养分含量比较丰富。结果表明,老龙眼水库生态区土壤碳含量分布不均,总氮含量都很丰富,但可被植物利用的氮素含量除 L5 号外都很缺乏,土壤中钾素营养状况较好,水库附近的土壤阳离子交换量在二级水平以上。

整个研究区内土壤含氮情况为丰富,九龙岗 J19 号点为山头,其氮含量最高,为 0.62%。碳氮比(C/N)是土壤的重要化学性质,其比值因当地的水热条件及耕作管理水平而异,反映土壤的耕作、熟化程度,在一定范围内可作为养分的指标。我国自然植被下主要土类 C/N 变幅为 6.2~20.9,就全研究区来看,27个采样点只有 41% 在这个变幅范围内,其中,九龙岗曙光煤矿门口煤泥 J15 号点位的路边的养分状况最好,C/N 为 29.8,其次为垃圾处理厂旁煤堆 J1 号,C/N为 17.6,这两个点位土壤中都混有大量的煤灰,使得所测土壤 C 含量远高于其他土壤,从而 C/N 也异常高突。其他点土壤熟化程度均较差,尤其是九龙岗的变电站鱼塘边 J4 的土壤 C/N 低至 1.6,由于研究区主要为采煤区,数十年均未进行大面积耕作或种植,故土壤养分状况严重匮乏,对于研究区还需进一步摸清土壤养分存在的问题,对症下药,扬长避短,创造最佳养分条件,力争全面稳产、高产。

我国一般土壤全 P 量变化的范围为 0.05%~0.48%。就全研究区来看,九龙岗区域土壤中全磷含量明显偏低,基本位于全国土壤磷含量的最低值附近。磷为植物生长不可或缺的养分之一该区域由于大面积煤炭开采塌陷造成地表形成许多裂缝和相对的坡地和洼地,土壤中许多营养元素随裂隙、地表径流流入采空区或洼地,造成许多地方土壤养分的短缺,严重影响了植物的生长。而且丰水期时,靠近积水区的采样点会被浸入水中,加速土壤中磷的溶出,引起磷水平下降。由于研究区有不同程度塌陷,使原来平坦的地形倾斜,在地表径流作用下,引起坡地土壤中磷的流失。

土壤氮素只有通过微生物活动逐渐被矿化后才能被植物利用,这个变化只有在通气良好,湿度、酸度适宜才能按顺序进行。土壤熟化程度高,有效性氮素含量亦高。土壤中能被微生物有效利用的指标常用土壤碱解性氮来表示。土壤碱解性氮,也叫"有效氮"、"水解性氮",其测量方法是:用碱液处理土壤,易水解的有机氮及铵态氮转化为氨,硝态氮则先经硫酸亚铁转化为铵,以硼酸吸收氨,再用标准酸滴定,计算水解氮的含量。碱解性氮能反映土壤近期内氮素供应情况,包括无机态氮(铵态氮、硝态氮)及易水解的有机态氮(氨基酸、酰胺和易水解蛋白质),它与作物生长关系密切,在推荐施肥中意义更大。

根据全国第二次土壤普查的养分含量分级指标,研究区内九龙岗J7、J8号点位土壤速效钾含量分别为98.425mg/kg、99.500mg/kg,属于较缺级别;九龙岗J2、J3、J4、J5、J6、J9、J18和J20号点位的土壤速效钾为100~150mg/kg,属于中等级别;九龙岗J11-1、J11-2和J16号点位的土壤速效钾属于较丰富级别;九龙岗J1、J14、J17、J19号点位的土壤速效钾养分状况最好,为丰富。

为评价泉人资源枯竭矿区的土壤环境质量,考虑到煤矿塌陷区内土壤环境复杂,离群数据较多,并且分级标准很难界定;z-score标准化方法进行数据标准化,能客观处理离群数据,规避主观影响;采用多种土壤指标来评价土壤养分的情况,主成分分析可以很好地降低维度,简化评价过程,最后采用聚类综合可以计算出一个综合F值,它将每个采样点的所有土壤指标信息综合反映出来。鉴于此,我们综合利用了z-score标准化+主成分分析+聚类综合法,对项目区土壤养分进行了综合评价。结果表明:老龙眼研究区内的土壤养分F值为−0.05~3.86,大通研究区内的土壤养分F值为−5.64~1.06,九龙岗研究区内的土壤养分F值为−1.14~4.17,综合来看,土壤养分状况为:老龙眼>九龙岗>大通。

### 3.2.5.2 土壤中重金属评价

内梅罗指数法是当前国内外进行综合污染指数计算的最常用的方法之一。该方法先求出各因子的分指数(超标倍数),然后求出各分指数的平均值,取最大分指数和平均值计算。内梅罗指数法通过以重金属含量实测值和评价标准相比除去量纲来计算污染指数($Pi$,反映单个重金属污染物及其危害程度,不能全面地反映土壤的污染状况),然后通过模型计算内梅罗综合指数($P_{综合}$),兼顾了单因子污染指数平均值和最高值,可以突出污染较重的重金属污染物的作用。此方法是土壤污染、重金属污染和土壤肥力评价的常用方法之一。(单奇华等,2009;范拴喜等,2010;马成玲等,2006)

内梅罗综合污染指数法公式为

$$P_{综合} = \sqrt{\frac{(Pi_{max})^2 + (Pi_{ave})^2}{2}}$$

式中，$P_{综合}$为土壤综合污染指数；

$Pi_{ave}$为土壤中各污染物的指数平均值；

$Pi_{max}$为土壤中单项污染物的最大污染指数。

若$P_{综合}\leqslant1$，为非污染；若$1<P_{综合}\leqslant2$，为轻度污染；若$2<P_{综合}\leqslant3$，为中度污染；若$P_{综合}>3$，为重污染。

泉大项目区大通湿地、老龙眼、九龙岗区域土壤重金属内梅罗指数评价结果见表3-10。

**表3-10　泉大资源枯竭矿区土壤内梅罗综合污染指数**

| 指标点位 | Cu | Pb | Cr | Cd | Hg | $P_{综合}$ | 分级 |
|---|---|---|---|---|---|---|---|
| D1 | 0.72 | 0.40 | 2.15 | 4.37 | 0.02 | 3.27 | 重污染 |
| D5 | 0.42 | 0.18 | 1.68 | 3.06 | 0.01 | 2.29 | 中度污染 |
| D8 | 0.00 | 0.51 | 1.41 | 4.03 | 0.02 | 3.04 | 重污染 |
| D18 | 0.28 | 0.53 | 2.10 | 6.58 | 0.16 | 4.85 | 重污染 |
| J1 | 0.49 | 0.32 | 1.65 | 5.65 | 0.54 | 4.18 | 重污染 |
| J2 | 0.27 | 0.28 | 1.31 | 0.18 | 0.04 | 0.97 | 非污染 |
| J3 | 0.15 | 0.35 | 1.83 | 4.02 | 0.15 | 2.99 | 中度污染 |
| J4 | 0.45 | 0.37 | 2.10 | 11.30 | 1.40 | 8.29 | 重污染 |
| J5 | 0.25 | 0.29 | 1.59 | 2.01 | 0.04 | 1.54 | 轻度污染 |
| J6 | 0.25 | 0.35 | 1.95 | 7.66 | 0.04 | 5.61 | 重污染 |
| J7 | 0.24 | 0.31 | 1.62 | 5.65 | 0.04 | 4.15 | 重污染 |
| J8 | 0.14 | 0.35 | 2.14 | 7.66 | 0.20 | 5.62 | 重污染 |
| J9 | 0.34 | 0.34 | 1.99 | 14.95 | 0.13 | 10.87 | 重污染 |
| J10 | 0.64 | 0.51 | 1.41 | 4.94 | 0.07 | 3.65 | 重污染 |
| J11♯1 | 0.57 | 0.62 | 1.27 | 3.06 | 0.06 | 2.30 | 中度污染 |
| J11♯2 | 0.64 | 0.53 | 2.77 | 7.60 | 0.13 | 5.62 | 重污染 |
| J14 | 1.23 | 1.55 | 1.88 | 6.03 | 0.78 | 4.56 | 重污染 |
| J15 | 0.57 | 0.46 | 1.81 | 4.32 | 0.05 | 3.22 | 重污染 |
| J16 | 0.75 | 0.51 | 2.15 | 5.97 | 0.12 | 4.43 | 重污染 |
| J17 | 0.35 | 0.47 | 2.01 | 7.60 | 0.17 | 5.58 | 重污染 |
| J18 | 0.00 | 0.34 | 2.26 | 6.92 | 0.08 | 5.08 | 重污染 |
| J19 | 0.68 | 0.66 | 2.52 | 8.63 | 0.11 | 6.36 | 重污染 |
| J20 | 0.72 | 0.66 | 2.77 | 7.95 | 0.06 | 5.88 | 重污染 |
| L1 | 0.17 | 0.79 | 1.34 | 10.23 | 0.10 | 7.45 | 重污染 |
| L2 | 0.83 | 0.40 | 1.88 | 3.29 | 0.03 | 2.50 | 中度污染 |
| L3 | 0.46 | 0.40 | 1.74 | 3.97 | 0.04 | 2.96 | 中度污染 |
| L5 | 0.57 | 0.46 | 2.22 | 3.80 | 0.09 | 2.87 | 中度污染 |

从表中可以看出,老龙眼区域土壤修复效果最好,大通湿地次之,而九龙岗大片区域尚处于待修复状态,土壤污染最严重。此评价结果与实际状态符合较好。

### 3.2.6  大通垃圾填埋场修复区土壤环境影响评价

大通湿地生态修复区内西部有一片约100m×100m区域,原为泡花碱厂,地表塌陷后工厂搬离,此区域由原建筑垃圾等填充。为解决该区域的原化工厂遗留、渗漏等污染问题,在大通生态区修复时建有2个源头水池、1个源头水井以及1个集化工污水、垃圾渗滤液及生活污水的处理池,收集渗滤液进行处理。现场调查发现,源头水池内水体颜色发黑,污水处理池内水体颜色较深,富营养化严重。雨后在此区域挖坑,很快就会渗出深色污水,景观效果很差,对周围土壤环境影响较大。该区东西向为由西向东的垃圾填埋斜坡,南边60m为部分塌陷的人工混交林,北边20m外为煤矸石填埋区。针对此区域,以化工垃圾处理池为中心,按十字形分布,南北走向和东西走向每间隔10m各设置9个土壤采样点,研究化工厂废址对修复区土壤的影响情况。

结果表明,土壤氮、磷各形态均处于很低和极低水平;土壤全钾处于中等水平,速效钾含量处于高—极高水平,钾含量较为丰富;土壤pH达到9.893,呈现强碱性,远高于淮南土壤pH背景值和其他复垦区土壤pH;土壤的阳离子交换容量及交换性钙离子、交换性镁离子含量明显偏低,但钾离子、钠离子和碱度异常偏高。选取土壤TC、C/N、TH、TN、TP、AN、CEC、ESP、AP、AK、SK、pH、交换性$K^+$、$Na^+$、$Ca^{2+}$、$Mg^{2+}$等16个环境因子作为主成分分析的评价指标,先对原始数据进行数据标准化处理,接着求出各指标的相关系数矩阵,计算出特征值和特征向量、贡献率和累积贡献率,最后得到主成分得分和土壤肥力状况综合得分。结果表明,该区域土壤肥力得分为-5.63957,为土壤肥力极度缺乏。根据国家二级标准,采用内梅罗综合指数法对土壤中重金属污染进行评价,结果显示,土壤重金属属于中度到重度污染。

经调查,该区域曾为蓝天化工厂,已于2006年迁离,其主要化工产品为硅酸钠和沸石。硅酸钠($Na_2SiO_3$)又名"泡花碱"、"水玻璃"($xNa_2O \cdot ySiO_2$),为无色、青绿色或棕色的固体或黏稠液体,由硅石和纯碱在熔化窑炉中共熔、冷却后粉碎而制得。沸石为含水的碱金属或碱土金属的铝硅酸矿物。由于该类化工垃圾充填使得该区域的土壤普遍呈现碱性甚至强碱性,故土壤中的碱金属及碱土金属高于其他区域土壤,土壤存在盐碱化趋势。

从污水收集池溶氧现场测定接近于零和渗出深褐色渗滤液可以初步判断,该区域还有可能存在有机污染,污染物具体是什么物质,有待进一步研究。无论如何,此区已成为大通生态修复区的一个亟待进一步研究和处理的区域。

## 3.3　植物与植被

泉大地区地处北亚热带向南暖温带过渡的地带。本区在植被区域划分上隶属于暖温带阔叶、针叶林区,自然植被主要分布在舜耕山片区和大通片区,物种多样性丰富,植被覆盖度较高,形成了较大面积的天然次生林;人工植被主要为小麦、水稻、大豆、玉米等农作物,以及人工营造的行道树、田旁树木与房前屋后树木。

研究区域内生态系统主要由森林生态系统、农田生态系统、居落生态系统和水域生态系统组成,其中,以森林生态系统和农田生态系统为主。

森林生态系统主要分布在舜耕山片区和大通片区,早期受人为影响较大,生态系统结构较为简单;伴随自然演替,目前该地区大部分人工林已演替为生态系统较为稳定的自然林,形成了大片的自然植被,物种多样性明显增加。九龙岗片区内的森林植被主要以人工营造的农田防护林及路旁、水旁和村旁的人工绿化林为主,大部分是杨树林、麻栎林和水杉林。

农田生态系统呈斑块状,广布于大通片区和九龙岗片区内。农田生态系统是人工种植拼块,人工干预较大,以农业植被为主体,主要种植小麦、油菜、玉米、豆类等粮食或经济作物。

居落生态系统零星分布,大通片区和舜耕山片区的居落分布较少,九龙岗片区分布较多。绿化植物呈斑块状或条带状镶嵌在村庄中,物种数量多,但丰富度不高,主要是杨树和刺槐。

水域生态系统将农田生态系统、林地及灌丛生态系统和居落生态系统串联在一起,互相影响,相辅相成。主要水生植物有喜旱莲子草、水烛和芦苇等常见种。

研究区内的自然植被分布较为广泛,主要分布在舜耕山片区和大通片区,物种丰富度较高,多样性明显。在调查中发现,该区主要区系成分以华北植物区系为主,主要植被类型为南暖温带落叶阔叶林与北亚热带常绿阔叶林,主要乔木有9 科 14 种,如栓皮栎(*Quercus variabilis*)、麻栎(*Quercus acutissima*)、榔榆

（*Ulmus parvifolia*）、朴树（*Celtis sinensis*）、黄连木（*Pistacia chinensis*）、山合欢（*Albizia macrophylla*）、楸树（*Catalpa bungei*）等，分布于人类活动影响较小的地区；还有区内村落附近的槐（*Sophora japonica*）、榆树（*Ulmus pumila*）、苦楝（*Melia azedarach*）、臭椿（*Ailanthus altissima*）、构树（*Broussonetia papyrifera*）、兰考泡桐（*Paulownia elongata*）、毛泡桐（*P. tomentosa*）等树种，也与暖温带植被区系相同；但某些华北地区常见的树种，如辽东栎（*Quercus liaotungensis*）、蒙古栎（*Quercus mongolica*）、桦木属（*Betula*）等在区内未见分布，杨属（*Populus*）的种类和针叶林物种显然少于华北地区。就灌木种类而言，本地少量散生分布的酸枣（*Ziziphus jujuba* var. *spinosa*）、牡荆（*Vitex negundo* var. *Cannabifolia*）、圆叶胡枝子（*Lespedeza bicolor*）、枸杞（*Lycium chinense*）、野山楂（*Crataegi cuneatae*）、柘树（*Cudrania tricuspidata*）等与华北地区物种基本相同。由于淮南位于暖温带南缘，所以北亚热带植物区系的某些物种也有一些分布，如枫杨（*Pterocarya stenoptera*）、乌桕（*Sapium sebiferum*）、算盘子（*Glochidion puberum*）、小叶女贞（*Ligustrum quihoui*），以及栽培的桂花（*Osmanthus fragrans*）、黄杨（*Buxus Sinica*）等。这些植被分布特点充分反映了区内植被的过渡性特点。

本区草本植被主要分布在九龙岗片区，以常见的杂草为主，主要分布在道路两旁、田间以及林下。该区草本植被丰富，种类繁多，主要以菊科植被占据多数，仅九龙岗片区的草本植物就有 34 科 86 种，菊科有 24 种。常见物种主要有马兰（*Kalimeris indica*）、毡毛马兰（*K. shimadai*）、小飞蓬（*Conyza canadensis*）、一年蓬（*Erigeron annuus*）、飞廉（*Carduus crispus*）、茵陈蒿（*Artemisia capillaries*）、刺儿菜（*Cirsium setosum*）、一枝黄花（*Solidago decurrens*）等。

本区人工植被包括人工营造的农田防护林及路旁、渠旁、水旁和村旁的人工绿化林，主要的绿化树种有：乔木类 8 科 17 种，主要有大冠杨（*Populus* × *dakuaensis*）、意大利杨（*Populus* × *canadensis* cv. "Ⅰ-214"）、沙兰杨（*Populus* × *scanadensis* cv. 'Sacrau 79'）、旱柳（*Salix matsudana*）、垂柳（*Salix babylonica*）、榆树（*Ulmus pumila*）、槐（*Sophora japonica*）、刺槐（*Robinia pseudoacacia*）、臭椿（*Ailanthus altissima*）、法国梧桐（*Platanus hispanica*）、合欢（*Albizia julibrissin*）、枫杨（*Pterocarya stenoptera*）、川楝（*Melia toosendan*）、苦楝（*M. ayedarach*）、重阳木

（*Bischofia polycarpa*）、梧桐（*Firmiana simplex*）、毛泡桐（*Paulownia tomentosa*）等,乔木针叶林主要有湿地松（*pinus elliottii*）、火炬松（*Pinus taeda*）、雪松（*Cedrus deodara*）、侧柏（*Platycladus orientalis*）、杉木（*Cunninghamia Lanceolata*）、水杉（*Metasequoia glyptostroboides*）等;灌木以紫穗槐（*Amorpha fruticosa*）、杞柳（*Salix sinopurpurea*）和白蜡树（*Fraxinus chinensis*）为主。

### 3.3.1　植被调查范围及调查方法

泉大资源枯竭矿区位于淮南市中东部,自西向东由老龙眼片区、洞山片区、大通片区和九龙岗片区等 4 个片区组成,东至九龙岗矿业集团技校新雅新村,南倚舜耕山,西至泉山路,北临洞山路景观大道,面积为 22.2km²。

样地布设:样地大小为 100m×100m。样方布设:每个样地须保证有重复样方,其中,森林生态系统样方为 30m×30m,2 次重复;灌木生态系统样方为10m×10m,3 次重复;草地生态系统样方为 1m×1m,9 次重复。观测内容:森林生态系统主要包括林木种类、株数、胸径、树高、盖度及林下植被结构特征;灌丛生态系统主要包括灌木种类、株数、盖度、高度及草本结构特征。

在样地内选择典型植被群落作为调查对象,主要采取样线调查和样方调查相结合的方法,调查植物种类组成和物种多样性。

### 3.3.2　植被调查结果与分析

共调查得到淮南矿区维管植物 117 科 311 属 516 种,其中蕨类植物 4 科 4属 5 种,裸子植物 6 科 9 属 15 种,被子植物 107 科 298 属 496 种(见附录)。

#### 3.3.2.1　舜耕山片区植被调查结果与分析

(1)植物种类组成。本次现场调查发现,舜耕山片区陆生植物共 62 科 89种,其中,乔木 14 科 24 种,灌木 21 科 29 种,草本植物 19 科 27 种,藤本植物 6科 6 种,水生植物 2 科 3 种。

(2)舜耕山片区植被样方调查结果。该片区发育有以落叶阔叶林为主的典型森林生态系统,植被覆盖度较高,乔木树种生长状况良好。为了选出适合作本地植被恢复的乔木树种,作为以后沉陷区植被恢复的工具物种,在森林生态系统内选取有代表性的植物群落进行样方调查,如枫香、二乔玉兰、石楠、侧柏、水杉等,在群落中占有主要优势。在调查中发现,不同区域的植被生长状况与土层厚度及土壤质地有明显的关系。相同物种在土层较厚的肥沃区域生长得更加茂盛,盖度更大,生长速度明显优于土层较薄、土壤贫瘠区域的物种。在相同土壤质地区,不同的物种对土层的适应程度不同。在调查中发现,全缘叶栾树、构树、女贞等物种对土壤适应性强,生长状况明显优于水杉。在进行植被修复时,既要注意对已有物种进行保护,也要注意土层的覆盖厚度及土壤质量的改善。在舜耕山片区,共调查植被样方 4 个,依据优势种划分为 4 个类型,结果见表 3-11 和图 3-4。

**表 3-11　舜耕山片区植被样方调查结果**

| 采样点 | 样方类型 | 样地类型 | 样方大小 | 优势种 | 盖度 | 株数(棵) | 平均胸径(cm) | 平均株高(m) |
|---|---|---|---|---|---|---|---|---|
| 32°37.310′N<br>117°00.046′E | 灌木 | 人工经济林 | 4m×4m | 水竹 | 98% | 73 | 4.5 | 6 |
| 32°37.284′N<br>117°00.044′E | 乔木 | 绿化植被 | 20m×20m | 枫香、二乔玉兰 | 70% | 63 | 10.3 | 9.7 |
| | 灌木 | 绿化植被 | 4m×4m | 石楠 | 45% | 13 | 5.6 | 5.1 |
| 32°37.166′N<br>116°59.754′E | 乔木 | 自然植被 | 10m×10m | 侧柏 | 70% | 11 | 16 | 10.7 |

(a)水竹样方

(b)石楠样方

(c)枫香、二乔玉兰样方

(d)侧柏样方

**图 3-4　调查植被样方**

### 3.3.2.2　九龙岗片区植被调查结果与分析

(1)植物种类组成。九龙岗片区陆生植被现场调查发现有 83 科 150 种,其中,乔木 20 科 25 种,灌木 18 科 23 种,陆生草本植物 34 科 86 种,藤本植物 3 科 3 种,水生植物 8 科 13 种。

(2)九龙岗片区植被样方调查结果。九龙岗片区生态系统主要以农田生态系统为主,只有小部分的丘陵、交通道路和农田两旁分布有零星的森林生态系统。该片区的森林生态系统除了部分山地为自然林外,大部分为人工种植的农田防护林和人工绿化林。人工栽培物种主要有侧柏、银杏、榆树、刺槐、乌桕和樱桃。调查发现,该区的榆树、刺槐和侧柏生长状况优于乌桕、樱桃和银杏。自然林林下的灌木主要为乔木优势种的幼苗,人工绿化林的绿化灌木主要有红花檵木和野蔷薇。自然林下草本植物的优势种主要有狗牙根、白茅、中华结缕草和鹅观草。在九龙岗片区,共调查植被样方 5 个,依据优势种划分为 5 个类型,结果见表 3-12。

表 3-12　九龙岗片区植被样方调查结果

| 采样点 | 样方类型 | 样地类型 | 样方大小 | 优势种 | 盖度 | 株数(棵) | 平均胸径(cm) | 平均株高(m) |
|---|---|---|---|---|---|---|---|---|
| 32°37.489′N 117°01.980′E | 乔木 | 丘陵自然植被 | 10m×10m | 麻栎 | 89% | 18 | 23.6 | 17.9 |
| 32°36.223′N 117°25.055′E | 乔木 | 丘陵自然植被 | 10m×10m | 侧柏 | 50% | 10 | 14.7 | 10.8 |
| 32°36.950′N 116°58.926′E | 乔木 | 垃圾场附近自然植被 | 10m×10m | 乌桕 | 60% | 8 | 21.6 | 9.8 |
| 32°36.003′N 117°06.060′E | 乔木 | 采石场绿化林 | 10m×10m | 刺槐 | 40% | 10 | 16.7 | 11.1 |
| 32°36.366′N 117°05.164′E | 乔木 | 居民区绿化林 | 10m×10m | 石榴、臭椿 | 45% | 7 | 12.3 | 9.9 |

(3) 九龙岗片区垃圾场植被调查结果。主要草本植物有:大紫草(*Lithospermum arvense*)、老鹳草(*Geranium carolinianum*)、苦苣菜(*Sonchus oleraceus*)、荠菜(*Capsella bursa-pastoris*)、泥胡菜(*Hemistepta lyrata*)、印度蔊菜(*Rorippa indica*)、羊蹄(*Rumex japonicus*)、葎草(*Humulus scandens*)、益母

草（*Leonurus japonicus*）、一枝黄花（*Solidago decurrens*）、婆婆纳（*Veronica didyma*）、刺儿菜（*Cirsium setosum*）、蛇莓（*Duchesnea indica*）、刺叶笔草（*Pseudopogonatherum setifolium*）、红足蒿（*Artemisia rubripes*）、齿果酸模（*Rumex dentatus*）、蒙古蒿（*Artemisia mongolica*）、朝天委陵菜（*Potentilla supina*）、泽漆（*Euphorbia helioscopia*）、猪殃殃（*Galium aparine*）、打碗花（*Calystegia hederacea*）、萹蓄（*Polygonum aviculare*）、牛繁缕（*Malachium aquaticum*）、狗尾草（*Setaira viridis*）、鹅观草（*Roegneria kamoji*）、狗牙根（*Cynodon dactylon*）、白茅（*Imperata cylindrica*）、芦苇（*Phragmites australis*）。主要乔木有：榆树（*Ulmus pumila*）、柳树（*Salix babylonica*）、棠梨、杏树、构树（*Broussonetia papyrifera*）。

　　榆树林群落样方调查结果如下：该样方内物种主要有榆树（*Ulmus pumila*），伴生种有柳树（*Salix babylonica*）和杏树（*Prunus armeniaca*）等。该群落为次生群落类型，榆树还比较小，未生长成高大乔木，林下草本植物丰富，群落高度为 3～5m，盖度为 87%，平均胸径为 7cm，群落生物量和净生产量分别为 20t/hm² 和 6t/hm²·a。

　　构树林群落样方调查结果如下：该样方内物种主要有构树，伴生种有枸杞，草本层的优势种为葎草。该群落为次生群落类型，构树未生长成高大乔木，群落高度为 2.0～3.5m，盖度为 80%，平均胸径为 10cm，群落生物量和净生产量分别为 12t/hm² 和 4.5t/hm²·a。

## 3.3.2.3　大通片区植被调查结果与分析

　　(1)植物种类组成。调查发现有 56 科 86 种植物，其中，乔木 25 科 36 种，灌木 19 科 23 种，草本植物 9 科 19 种，水生植物 3 科 8 种。

　　(2)大通片区植被样方调查结果。大通片区位于林场路和沿山路之间，生态系统主要以森林生态系统为主，其间有小部分的农田生态系统。该片区的森林生态系统中除了部分丘陵为自然林外，大部分为人工种植的农田防护林和人工绿化林。区域内植被物种丰富，主要为人工种植的行道绿化树种，以全缘叶栾树、荷花玉兰、香樟、合欢、紫叶李等为乔木优势种，石楠、海桐、檵木、木槿、紫薇等为灌木优势种。由于该片区地处城市主要交通干道，所以受人工干扰较大，林下草本植物以行道绿化的草本花卉为主，主要有麦冬、沿阶草、葱莲、美人蕉等。通过调查发现，全缘叶栾树、紫叶李和香樟的生长状况较好，在今后的修复物种选择中应注意对已有物种进行保护，也要注意选择合适的物种。在大通片区共调查植被样方 8 个，依据优势种划分为 8 个类型，结果见表 3-13。

表 3-13 大通片区植被样方调查结果

| 采样点 | 样方类型 | 样地类型 | 样方大小 | 优势种 | 盖度 | 株数（棵） | 平均胸径（cm） | 平均株高（m） |
|---|---|---|---|---|---|---|---|---|
| 32°37.483′N 117°01.880′E | 乔木 | 人工经济林 | 30m×30m | 水杉 | 80% | 120 | 12.5 | 21.9 |
| 32°37.492′N 117°01.889′E | 乔木 | 人工绿化林 | 10m×10m | 全缘叶栾树 | 90% | 18 | 17.1 | 7.4 |
| 32°37.460′N 117°01.951′E | 乔木 | 自然林 | 10m×10m | 枫杨 | 90% | 7 | 21.9 | 17.1 |
| 32°37.166′N 116°59.754′E | 乔木 | 人工经济林 | 10m×10m | 侧柏 | 70% | 11 | 16 | 10.7 |
| 32°37.562′N 117°01.896′E | 乔木 | 人工绿化林 | 30m×30m | 女贞 | 85% | 89 | 12.1 | 7.7 |
| 32°37.096′N 117°03.097′E | 灌木 | 果园经济林 | 10m×10m | 梨树 | 60% | 4 | 4.6 | 4.71 |
| 32°37.561′N 117°01.921′E | 灌木 | 人工绿化林 | 10m×10m | 三角枫 | 87% | 40 | 4.2 | 5.65 |
| 32°37.530′N 117°01.965′E | 草本 | 净化草本 | 1m×1m | 芦苇 | 94% | 105 | 1 | 3.03 |

### 3.3.2.4 大通湿地公园植被调查结果与分析

大通湿地公园位于淮南泉大资源枯竭矿区，该公园是在大通采煤沉陷区基础上，通过生态工程技术改造、修复而成的。生态恢复后的大通采煤沉陷区命名为"大通湿地公园"，恢复区与周围的原有人工林地相连。整个生态恢复区除保存具有百年历史的采矿设施外，其他区域皆通过人工措施实施生态恢复，形成大面积的林地系统、林—草系统和湿地系统。目前，该公园内植被主要为人工构建的绿化植被。本项目调查研究了公园内植物物种组成和优势植物群落结构特征。

(1)植物物种组成。调查发现，大通湿地公园内常见的乔木植物有：圆柏（*Sabina chinensis*）、梧桐（*Firmiana simplex*）、二球悬铃木（*Platanus hispanica*）、女贞（*Ligustrum lucidum*）、毛泡桐（*Paulownia tomentosa*）、榆树（*Ulmus pumila*）、樟树（*Cinnamomum camphora*）、构树（*Broussonetia papyrifera*）、水杉（*Metasequoia glyptostroboides*）、盐肤木（*Rhus chinensis*）、全缘叶栾树（*Koelreuteria bipinnata* var. *integrifoliola*）、苦楝（*Melia azedarach*）、刺槐

（*Robinia pseudoacacia*）、朴树（*Celtis sinensis*）、荷花玉兰（*Magnolia grandiflora*）、合欢（*Albizia julibrissin*）、三角枫（*Acer buergerianum*）、枫杨（*Pterocarya stenoptera*）、乌桕（*Sapium sebiferum*）、银叶柳（*Salix chienii*）、加杨、麻栎（*Quercus acutissima*）等。

常见的灌木植物有：通脱木（*Tetrapanax papyriferum*）、石楠（*Photinia serrulata*）、牡荆（*Vitex negundo* var. *cannabifolia*）、紫穗槐（*Amorpha fruticosa*）、旱柳（*Salix matsudana*）、鸡爪槭（*Acer palmatum*）、海桐（*Pittosporum tobira*）、水马桑（*Weigela japonica* var. *sinica*）、大叶黄杨（*Euonymus japonicus*）、日本珊瑚树（*Viburnum odoratissimum* var. *awabuki*）、水竹（*Phyllostachys heteroclada*）、小蜡树（*Ligustrum sinense*）、火棘（*Pyracantha fortuneana*）、蚊母树（*Distylium racemosum*）、金丝桃（*Hypericum monogynum*）、紫丁香（*Syringa oblata*）、木芙蓉（*Hibiscus mutabilis*）、蔷薇花（*Rosa multiflora*）等。

常见的草本植物有：野胡萝卜（*Daucus carota*）、绿豆（*Vigna radiata*）、阔叶麦冬（*Liriope platyphylla*）、白车轴草（*Trifolium repens*）、鹅观草（*Roegneria kamoji*）、一年蓬（*Erigeron annuus*）、葎草（*Humulus scandens*）、蛇葡萄（*Ampelopsis sinica*）、牛皮消（*Cynanchum auriculatum*）、苍耳（*Xanthium sibiricum*）、小巢菜（*Vicia hirsute*）、白茅（*Imperata cylindrica* var. *major*）、芦竹（*Arundo donax*）、狗牙根（*Cynodon dactylon*）等。

常见的藤本植物有：忍冬（*Lonicera japonica*）、常春藤（*Hedera nepalensis* var. *sinensis*）。

常见的水生植物有：芦苇（*Phragmites australis*）。

（2）大通湿地优势植物群落。大通湿地优势植物群落主要有：全缘叶栾树＋三角枫共优群落、石楠群落、荷花玉兰群落、灌木群落和草本群落。各群落组成和结构特征如下：

①全缘叶栾树＋三角枫共优群落。该群落为人工种植的植物群落，乔木层的建群种与优势种为全缘叶栾树（*Koelreuteria bipinnata* var. *integrifoliola*）和三角枫（*Acer buergerianum*）。在 10m×10m 样方内，有全缘叶栾树 36 棵、合欢（*Albizia julibrissin*）6 棵、苦楝（*Melia azedarach*）12 棵、三角枫 36 棵、垂丝海棠 6 棵、毛栗 6 棵、朴树 6 棵。林下草本层植物主要有白茅（*Imperata cylindrica* var. *major*）、乌蔹莓（*Cayratia japonica*）、一年蓬（*Erigeron annuus*）。群落的高度

为 3～7m,盖度为 70%,群落的生物量和净生产量分别为 39t/hm² 和 3t/hm²·a,主要树种胸径为 3～10cm;林下草本植物盖度为 60%左右。

②石楠群落。该群落为刚种植的人工植物群落,乔木层的建群种与优势种为石楠(*Photinia serrulata*)。在 10m×10m 样方内,有石楠 18 棵,树高为 1.6m;苦楝 6 棵,树高为 3.2m,枝下高为 70cm,胸径为 3.2cm;刺槐(*Robinia pseudoacacia*)6 棵,树高为 3.9m,枝下高为 60cm,胸径为 7cm。林下草本层植物主要有白车轴草(*Trifolium repens*)、白茅(*Imperata cylindrica* var. *major*)、乌蔹莓(*Cayratia japonica*)、一年蓬(*Erigeron annuus*)。群落的高度为 3～5m,盖度为 70%,群落的生物量和净生产量分别为 21t/hm² 和 3.1t/hm²·a,主要树种胸径为 5～10cm;林下灌丛较少,草本分布较多,盖度为 70%左右。

③荷花玉兰群落。在 10m×10m 样方内,该群落有荷花玉兰(*Magnolia grandiflora*)6 棵,2008 年栽种,正常生长 5 年,树高为 5.8m,胸径为 12cm,土壤深度为 70cm,未见底层煤矸石,其土壤厚度不影响树的生长;全缘叶栾树 3 棵,2007 年栽种,正常生长 6 年,树高为 12m,胸径为 23cm;刺槐(*Robinia pseudoacacia*)4 棵,2007 年栽种,正常生长 6 年,树高为 13m,胸径为 17.8cm;合欢(*Albizia julibrissin*)4 棵,树高为 5m,胸径为 11.8cm。该处土深为 60cm,其土壤厚度不影响植被正常生长。

④灌木群落。本区天然灌木较少,大多为人工栽培的绿化灌木,也是观赏性灌木植物,主要有石楠(*Photinia serrulata*)、红花檵木(*Lorpetalum chinense* var. *rubrum*)、小蜡树(*Ligustrum sinense*)、冬青卫矛(*Euonymus japonicus*)、金边黄杨(*Euonymus japonicus* var. *aureo-marginata*)、海桐(*Pittosporum tobira*)、紫薇(*Lagerstroemia indica*)、金丝桃(*Hypericum monogynum*)、石榴(*Punica granatum*)、南天竹(*Nandina domestica*)、木槿(*Hibiscus syriacus*)、鸡爪槭(*Acer polmatum*)、牡荆(*Vitex negundo* var. *cannabifolia*)、水竹(*Cyperus alternifolius*)等。群落由单一的灌木组成,没有乔木层,群落高度为 1～2m,盖度为 60%,主要分布于道路两旁,群落生物量和净生产量分别为 20t/hm² 和 6t/hm²·a。

⑤草本群落。芦苇是该处湿地的优势种,其功能是净化化工填埋场产生的废水,因此,在芦苇群落内设置了 5 个典型样方,每个样方有 3～4 个重复,以考察芦苇对化工垃圾废水的净化效应和耐性效应。

样方一:本样方土壤下为煤矸石,其上覆土厚度为 36cm,该处水下是化工垃圾,水质呈褐色。样方大小为 1m×1m。样方内群落结构如下:每个样方做 3 个重复,株数分别为 160 株、160 株、144 株。随机选择 3 株,测定株高和直径。第一株的株高为 1.4m,直径为 4mm;第二株的株高为 1.98m,直径为 5mm;第三株的株高为 2.28m,直径为 5mm。绝大部分的株高为 1.98m,直径为 5mm。

样方二:本样方土壤下为煤矸石,其上覆土厚度为 10cm。样方大小为 1m×1m。样方内群落结构如下:每个样方做 3 个重复,株数分别为 240 株、156 株、144 株。随机选择 5 株,测定株高和直径。第一株直径为 4.0mm;第二株直径为 3.0mm;第三株直径为 2.8mm;第四株直径为 3.8mm;第五株直径为 3.5mm。该样方内植株平均株高为 80cm,直径为 3~4mm。

样方三:本样方土壤下为煤矸石,其上覆土厚度为 15cm。样方大小为 1m×1m。样方内群落结构如下:每个样方做 3 个重复,随机选择 5 株,测定株高和直径。第一株株高为 3.0m,直径为 7.0mm;第二株株高为 3.1m,直径为 7.0mm;第三株株高为 3.3m,直径为 9.0mm;第四株株高为 3.6m,直径为 11.8mm;第五株株高为 3.0m,直径为 7.0mm。

样方四:本样方土壤厚度为 3~5cm,土壤与碎石子混合,离表面 18cm 即可见水。该处原为化工原料净化池,现生长有芦苇。样方大小为 1m×1m。样方内群落结构如下:每个样方做 3 个重复,株数分别为 28 株、40 株、40 株。随机选择 4 株,测定株高和直径。第一株株高为 2.2m,直径为 7mm;第二株株高为 2.0m,直径为 16mm;第三株株高为 1.8m,直径为 9mm;第四株株高为 1.78m,直径为 12mm。

样方五:此处为大塘,其内全为芦苇,生长旺盛,作为研究对照组,样方大小为 1m×1m,该处土壤下为煤矸石,其上覆土厚度为 75cm。样方内群落结构如下:每个样方做 3 个重复,株数分别为 88 株、160 株、160 株。随机选择 4 株,测定株高和直径。第一株株高为 3.7m,直径为 11mm;第二株株高为 3.2m,直径为 10mm;第三株株高为 3.3m,直径为 9mm;第四株株高为 3.8m,直径为 13mm。

以上 5 个样方内,芦苇生长状况调查结果表明,土壤覆被厚度决定芦苇生长的好坏,土壤覆被厚度至少 15cm,才不至于影响芦苇生长。

### 3.3.2.5　老龙眼湿地公园植被调查结果与分析

此次植被调查主要采取重点区域样线与样方调查相结合的方法来记录物种组成和群落结构特征。将调查任务分为 4 个部分,分阶段调查了典型地区不同时节的植被。调查发现,夏季植物生长旺盛,种类较多,特别是草本植物,种类尤其丰富。

调查结果发现,老龙眼湿地主要物种分布如下。

主要乔木有:龙柏(*Sabina chinensis* cv. "Kaizuca")、雪松(*Cedrus deodara*)、侧柏(*Platycladus orientalis*)、桑(*Morus alba*)、榆树(*Ulmus pumila*)、桃(*Amygdalus persica*)、鹅掌楸(马褂木)(*Liriodendron chinensis*)、枫杨(*Pterocarya stenoptera*)、加杨(*Populus canadensis*)、苦木(*Picrasma quassioides*)、刺槐(*Robinia pseudoacacia*)、枫香(*Liquidambar formosana*)、苦楝(*Melia azedarach*)、桂花(*Osmanthus fragrans*)、山合欢(*Albizia macrophylla*)、全缘叶栾树、女贞(*Ligustrum lucidum*)、银杏(*Ginkgo biloba*)、垂柳(*Salix babylonica*)、旱柳(*S. matsudana*)、紫叶李(*Prunus ceraifera* f. *atropurpurea*)、毛泡桐(*Paulownia tomentosa*)、樟树(*Cinnamomum camphora*)、荷花玉兰(*Magnolia grandiflora*)、枇杷(*Eriobotrya japonica*)、日本晚樱(*Cerasus serrulata* var. *lannesiana*)、棕榈(*Trachycarpus fortunei*)等。

主要灌木有:石楠(*Photinia serrulata*)、红花檵木(*Lorpetalum chinense* var. *rubrum*)、小蜡树(*Ligustrum sinense*)、冬青卫矛(*Euonymus japonicus*)、金边黄杨(*Euonymus japonicus* var. *aureo-marginata*)、紫薇(*Lagerstroemia indica*)、金丝桃(*Hypericum monogynum*)、海桐(*Pittosporum tobira*)、石榴(*Punica granatum*)、牡荆(*Vitex negundo* var. *cannabifolia*)、南天竹(*Nandina domestica*)、木槿(*Hibiscus syriacus*)、鸡爪槭(*Acer Palmatum*)、大叶黄杨(*Euonymus japonicus*)、桂花(*Osmanthus fragrans*)、日本珊瑚树(*Viburnum odoratissimum* var. *awabuki*)、西洋杜鹃(*Rhododendron hybridum*)、通脱木(*Tetrapanax papyriferum*)、火棘(*Pyracantha fortuneana*)、栀子花(*Gardenia jasminoide*)、构骨冬青(*Ilex cornuta*)、夹竹桃(*Nerium indicum*)、棕榈(*Trachycarpus fortunei*)、水竹(*Phyllostachys heteroclada*)等。

常见草本植物有:蜀葵(*Althaea rosea*)、葎草(*Humulus scandens*)、酢浆草(*Oxalis corniculata*)、牛膝(*Achyranthes bidentata*)、刺儿菜(*Cirsium setosum*)、小飞蓬(*Conyza canadensis*)、钻叶紫菀(*Aster subulatus*)、一年蓬(*Erigeron annuus*)、泽漆(*Euphorbia helioscopia*)、扁蓄(*Polygonum aviculare*)、齿果酸模(*Rumex dentatus*)、一枝黄花(*Solidago decurrens*)、南艾蒿(*Artemisia verlotorum*)、

牛皮消(*Cynanchum auriculatum*)、美洲商陆(*Phytolacca americana*)、地锦草(*Euphorbia humifusa*)、斑地锦(*E. supina*)、苦苣菜(*Sonchus oleraceus*)、铁苋菜(*Acalypha australis*)、打碗花(*Calystegia hederacea*)、醴肠(*Eclipta prostrata*)、羊蹄(*Rumex japonicus*)、天名精(*Carpesium abrotanoides*)、苎麻(*Boehmeria nivea*)、箭叶堇菜(*Viola betonicifolia* subsp. *nepalensis*)、黄鹌菜(*Youngia japonica*)、乌蔹莓(*Cayratia japonica*)、山莴苣(*Lactuca indica*)、灰绿藜(*Chenopodium glaucum*)、酸模叶蓼(*Polygonum lapathifolium*)、苘麻(*Abutilon theophrasti*)、三叶草(*Trifolium pratense*)、五节芒(*Miscanthus floridulu*)、狗牙根(*Cynodon dactylon*)、白茅(*Imperata cylindrica* var. *major*)、狼把草(*Bidens tripartita*)、狗尾草(*Setaira viridis*)、鸢尾(*Iris tectorum*)、美人蕉(*Canna indica*)、香附子(*Cyperus rotundus*)、阔叶麦冬(*Liriope platyphylla*)等。

常见藤本植物有：忍冬(*Lonicera japonica*)、常春藤(*Hedera nepalensis* var. *sinensis*)。

常见水生植物有：芦苇(*Phragmites australis*)。

### 3.3.3　植物重金属含量

在泉大资源枯竭矿区的老龙眼片区、大通片区和九龙岗片区内，选择常见的14 种植物，其中，乔木有女贞、水杉、侧柏、全缘叶栾树、苦楝、加拿大白杨、麻栎、圆柏、构树和刺槐 10 种，灌木有紫穗槐 1 种，草本植物有芦苇、小飞蓬和红足蒿3 种，检测了这些植物体中的 Cu、Zn、Cr、Ni、Pb 和 Cd 等 6 种重金属含量和硫含量。在此基础上，分析了乔木和灌木植物的根、茎、叶和果实中重金属的分布趋势。3 个片区 14 种植物硫含量测定结果如图 3-5 所示。

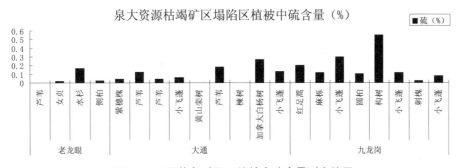

图 3-5　不同修复时限下植被中硫含量测定结果

从图 3-5 中可以看到,植物体中硫的含量相对较高,其中,老龙眼片区除水杉外,其余植物体中硫含量较少;大通片区内植物体中硫含量慢慢升高,其中,加拿大白杨树中的硫含量达到 0.267%;特别是九龙岗片植物中硫含量较其他两个区域更高,其中,构树的硫含量达到 0.550%。从植被中硫含量来看,随着修复时限的延长,植被中的硫含量会有所下降。植被中的硫含量与区域内的土壤环境和水体环境有很大的关系,而煤矿区特别是流经含硫铁矿煤层的矿井,在开采时会产生酸性废水。据有关部门对煤矿区矿井废水的抽样调查显示,硫酸根离子浓度高达 2500mg/L,pH 最低仅为 2.7。这类矿井废水如不经处理直接外排,将严重污染地面水体,淤塞河道和农田渠道,造成土壤板结,对农作物造成很大的不良影响。

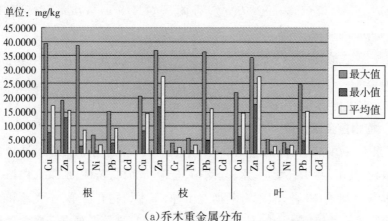

(a)乔木重金属分布

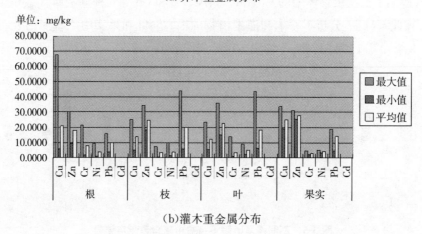

(b)灌木重金属分布

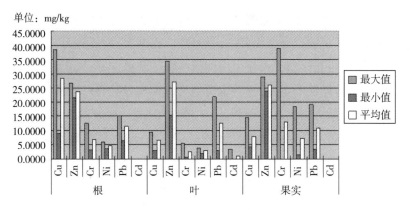

（c）草本植物重金属分布

图 3-6　各种植物重金属分布

据安徽理工大学分析数据,针对上述泉大地区植被分别采集根、枝、叶和果实样品,按草本、灌木和乔木三类重新统计重金属元素含量分布特征。从图 3-6 中可以看出,各种重金属中,Cu 和 Pb 在植物体内的含量较高,Cu 在乔木根、枝、叶中平均值分别为 17.3mg/kg、14.4mg/kg 和 14.7mg/kg,在灌木根、枝、叶、果实中平均值分别为 21.0mg/kg、13.8mg/kg、12.3 和 25.0mg/kg,在草本根、叶、果实中平均值分别为 28.5mg/kg、6.5mg/kg 和 7.9mg/kg;Pb 在乔木根、枝、叶中平均值分别为 9.1mg/kg、16.2mg/kg 和 15.5mg/kg,在灌木根、枝、叶、果实中平均值分别为9.8mg/kg、20.0mg/kg、18.3mg/kg 和 13.9mg/kg,在草本根、叶、果实中平均值分别为 11.6mg/kg、12.6mg/kg 和 10.9mg/kg。研究结果表明,根系部分中重金属含量较高,这与土壤中重金属含量高有较好的相关性,草木和灌丛果实中重金属含量也较高,因此,该地区植被恢复和土地利用以绿地和观赏植被种植为主,不宜种植农作物。

### 3.3.4　植物生态评价

#### 3.3.4.1　舜耕山片区

（1）生态环境现状。据现场踏勘与调查发现,由于受到人为活动的长期影响,故该片区目前的植被类型已经发生了许多变化,原生植被大量消失,次生植被及人工植被大量增加,种类均为当地广泛分布的常见物种,未见国家级和省级保护的珍稀野生植物分布。本区内分布较广的绿化树种,如麻栎、侧柏、榆树、苦楝和构树等,在土壤较贫瘠的山区生长得较好,总体而言,舜耕山片区植被覆盖度较高,物种丰富度也较高,表明舜耕山片区的生态环境本底质量较好。

(2)区域景观现状。舜耕山片区山势较高,高差大,大部分为石灰岩山体,整体地势由东南向西北倾斜。舜耕山南侧植被覆盖状况良好,绿化条件也很好,物种丰富度较高,多样性明显,主要乔木类型为麻栎林、侧柏林、水杉林、刺槐林、榆树林和杨树林。舜耕山北坡坡面较陡,主要以侧柏林、麻栎林和刺槐林为主,在少数沟底有大量苦木、苦楝、木姜子和枫杨等存在,沟底林荫地上也有一些蕨类植物,林下草本植物较少,主要有蛇莓、披针叶苔草、野韭、荩草、求米草等几种耐阴植物。因人工开采,北坡部分区域有岩石裸露,无植被生长。雨水汇入大小不等的沉降坑或取土坑内,形成不同特点的水塘,产生多种景观。该片区除有自然林外,还有部分人工建造的景观,乔木林基本为人工栽植,平缓林地主要有水杉林、麻栎林、刺槐林、杨树林和侧柏林,景观资源丰富,基础较好,然而人工林树龄一致,缺少更新层。不过,该区属亚热带和暖温带交界处,雨水充足,光照充足,植被生长速度快,能较快地从人工林转化为自然林,这为今后景观的恢复和造景打下良好的基础。

总体地形和环境的复杂性造成该区域具有不同的植被类型,加上长期的人工造林,使该区域既有山坡森林群落、废弃矿区荒野群落,又有低洼湿地群落,也为该区的修复提供了参考的多样性。在进行修复时,既要注意保护原有的景观,也要充分发挥当地的地域特色,因地制宜地进行景观建设。

### 3.3.4.2 九龙岗片区

(1)生态环境现状。通过对区内的植被和农作物的调查发现,本区域农田生态系统占大部分,原生陆生植物相对较少,森林生态系统零星分布于舜耕山区,大部分是人工植被,植物种类多为当地广泛分布的物种。当地的草本植物物种十分丰富,物种多样性较高,但乔木和灌木物种数较少,生物多样性比较低,亟待修复。在九龙岗区域进行生态恢复时,更要注意本地植物物种的保护,如枫杨、苦楝、桑树、臭椿和刺槐等。在调查时发现,此区的枫杨和三角枫生长状况良好,是当地的优势物种,在进行煤矸石清理整治时,应注意对其进行保存,同时尽量多种植枫杨与三角枫。加杨和榆树在煤矸石区生长状况也很好,也是恢复植被的重要工具物种。此地水源较充足,进行修复时可利用天然条件,开挖鱼塘,进行生态养殖,增加经济效益。同时,也可以充分利用当地生长茂盛的芦苇与芦竹资源,构建湿地生态公园。在调查中也发现,有不少树龄较大的麻栎因地表沉陷、水位升高、排水不畅而被涝死,因此,在进行恢复治理时,应注意合理布局公园排水系统,尽量避免已有树种因过涝而死。

(2)九龙岗片区珍稀、濒危植物物种保护现状。根据实地调查结果以及所查阅的相关资料发现,该区有香樟(*Cinnamomum camphora*)1 种珍稀、濒危的植物物种,保护等级为国家二级。香樟为常绿乔木,树冠广展,枝叶茂密,气势雄伟,是优良的行道树和庭荫树。香樟对氯气、二氧化硫、臭氧及氟气等有害气体具有抗性,能驱蚊蝇,耐短期水淹,是生产樟脑的主要原料。香樟根系发达,喜温暖湿润气候及肥沃、深厚的酸性或中性砂壤土,不耐干旱瘠薄,是比较适宜栽种的树种。其木材坚硬美观,材质上乘,是制造家具的好材料。

(3)区域景观现状。九龙岗片区位于淮河中游南岸,地形南高北低,高程为30～200m,属淮河冲湖积平原与江淮丘陵交接地带。区域上地貌类型多样,有丘陵、山前斜地、阶地、坳谷,以及采煤沉陷区、煤矸石堆、山前截水沟、采石坑和垃圾堆等人工地貌。丘陵四周为棕黄色含砾粉质黏土,黏土矿物主要为伊利石;除丘陵外的其他地区主要为灰黄色粉质黏土,黏土矿物主要为伊利石和蒙脱石。

本区处于亚热带与暖温带的过渡地带,属暖温带半湿润季风气候区。气候温和,日照充足,雨量适中,四季分明。区内光、热、水资源丰富。森林植被覆盖较少,大多为农田。但本区内土地利用类型多样,除自然植被以外,还有人工次生林。次生林植物主要有榆树、侧柏、刺槐、银杏和乌桕。林下的灌木主要为优势乔木种的幼苗,部分地区为人工栽培的绿化灌木,如红檵木、野蔷薇等。林下草本植物主要为常见的杂草,优势种主要为鹅观草、白茅和狗牙根。区内还分布塌陷形成的低洼积水塘、人工修建的排水沟以及季节河沟。

本区开发的景观资源较多,开发潜力大。在今后进行开发时,要注意因地制宜,寻找适合不同区域的资源进行合理开发。例如,在山区主要进行植被保护,防止水土流失,农业用地可以发展生态经济农业和旅游观光农业,加大蔬菜和水果的种植范围,增加收入;在沉陷区可以发展生态养殖,同时,可以种植水芹、莲、菰和芡实等水生蔬菜;在沉陷区水域面积较广的地域,可以因地制宜,建造湿地公园,增加该区域的景观资源。

### 3.3.4.3　大通片区

(1)生态环境现状。位于该片区内的万人坑教育基地周围有成片森林植被和人工果园。洞山路和淮舜南路是淮南市区的主要交通干道,受人工影响较大,

— 53 —

沿线主要是人工种植的行道树和绿化树,陆生植被覆盖率高,生长情况良好,物种相对也比较丰富,初步形成良好的生态系统。区内有一些珍稀植物,如水杉和银杏等,生长时间较长,要加强保护。

(2)大通片区珍稀、濒危植物现状。植物保护物种有水杉和银杏。水杉为落叶乔木,杉科水杉属唯一现存种,中国特产的孑遗珍贵树种,第一批列为中国国家一级保护植物的稀有种类,有植物王国"活化石"之称,保护级别是一级濒危。银杏是银杏科银杏属落叶乔木,具有欣赏、经济和药用价值,全身是宝。银杏是第四纪冰川运动后遗留下来的最古老的裸子植物,是世界上十分珍贵的树种之一,因而被称为植物界中的"活化石",有观赏价值,保护级别是一级濒危,现在全国各地栽培范围较广。

(3)区域景观现状。大通片区位于江淮波状平原北部,淮河中游南岸。区域地貌类型可分为丘陵和平原两大类。丘陵以低丘为主,舜耕山山脉最高峰海拔标高为215.5m。平原由第四系中上更新统和全新统组成,分布于除丘陵以外的其他地区,地面标高一般为18.70~60.00m。微地貌形态从丘陵到平原依次为低丘、山前斜地、岗坡地、河漫滩等4种类型。

大通片区土壤主要为黄棕壤,局部有砂礓黑土,深层多为黏性土壤。本区地处亚热带与暖温带的交界处,亚热带、热带植物多为栽培种,温带植物在本区群落中处于主导地位。本区最具代表性的植物以华北区系植物为主,如栓皮栎、麻栎、榆树、朴树等,华北地区习见的黄连木、栾树、白蜡树、榆树、苦楝、小叶杨等在这里也占有重要地位。本区内还能见到少量黄檀、枫杨、山胡椒、八角枫等亚热带、热带分布种。

该片区用地类型主要包括工业用地、居住用地、园地、林地、耕地和道路修建用地等,并存在大量的露天矿井等特殊用地,会出现沉陷区低洼地、农田、居民住宅、道路、废弃地等不同景观。沉陷区低洼地以草本植物芦苇和香蒲为主,有部分芦竹群落;而沉降区部分形成湿地。本区域内有沟通城市南北的主要交通干道,沿线种植有一定宽度的绿化行道树种,以荷花玉兰、香樟、全缘叶栾树、合欢、紫叶李、重阳木、柳树和杨树等为乔木优势种,石楠、海桐、榉木、木槿、紫薇等为灌木优势种,物种比较丰富,具有较高的景观价值。在调查过程中发现,所选取的物种生长状况都比较良好,在以后进行生态修复和景观建设时,要注意保护和借鉴目前的物种。

## 3.4　小结

淮南市为我国主要的煤炭基地,泉大资源枯竭矿区地处淮南市东部,研究区为建国前就已开采并已报废 30 多年的老矿区,面积为 22.2km²,区域内形成 6.6km² 采煤沉陷区、废弃的采石场及 0.6km² 积水塘,占整个泉大资源枯竭矿区面积的 32.4%。鉴于研究区地理位置及其发展的重要性,泉大资源枯竭矿区已进行了不同程度的生态环境修复:老龙眼片区修复的时限最长,是泉大资源枯竭矿区环境修复与开发项目的前期工程,目前,已经形成以老龙眼生态区为代表性的修复区;大通片区修复时限较短,是泉大资源枯竭矿区环境问题诊断及生态修复评价的重点区域之一,目前,已经形成以大通湿地生态区为代表性的修复区;九龙岗片区内矿区的生态环境还没有进行修复,诊断煤矿复垦区仍存在一些环境问题,这将为尚未修复区提供借鉴。

为了探讨三大片区不同修复时限下的土壤特征,网格布点分别采集三大片区土壤样品、土样周围沉积水及典型植物样本,分析其养分状况和重金属总量状况。结果表明,土壤养分状况为老龙眼>九龙岗>大通湿地,大通湿地沉陷复垦区内土壤碱性较强,pH 最高达 10.103;土壤重金属总量状况为九龙岗>大通湿地>老龙眼,其中,Cd 为最主要的重金属污染物;植物体中硫含量状况为九龙岗>大通湿地>老龙眼;沉积水水质状况为老龙眼>九龙岗>大通湿地,其中,Hg 在三大片区内的水样中全部超标。

通过样线法采样,监测了大通煤矿沉陷区内的人工混交林背景区(A 区)、化工垃圾充填区(B 区)和煤矸石充填区(C 区)土壤养分及重金属污染状况。结果表明:

(1)不同充填模式下土壤 pH 变化为 B 区>A 区>C 区;速效磷为 A 区>B 区>C 区;碱解氮为 C 区>A 区>B 区,钾素的变化规律性不强。

(2)充填区土壤普遍呈现碱性,速效氮、速效磷严重缺乏,部分样点速效钾缺乏,土壤 Cr、Cd、Cu、Pb 总量不同程度地超过淮南市背景值,Hg 未超标,其中,B 区土壤碱化度高达 22%。

(3)充填区内土壤养分缺乏,土壤大面积受到重金属重度污染,植被类型相对单一,需进一步加大填充区植被恢复与管理。

通过建立适合泉大资源枯竭矿区的土壤环境质量评价方法,即采用 z-score

标准化＋主成分分析＋聚类综合法,计算得出综合 F 值,能够反映每个采样点的所有土壤的指标信息。

本区生态系统主要由森林生态系统、农田生态系统、居落生态系统和水域生态系统组成。目前,该区大部分人工林已演替为生态系统较为稳定的自然林,形成了大片的自然植被,植被覆盖度较高,物种多样性明显增加。

从土壤养分、重金属污染、沉积水水质及植被调查综合结果来看,老龙眼片区修复效果最好,大通湿地次之,九龙岗研究区生态环境问题的有效解决迫在眉睫。

泉大资源枯竭区目前存在的问题主要有以下几个方面:

(1)塌陷引起土地属性改变。除了附近居民还在自发耕种外,其他区域基本被废弃,面积占总区域的 30％,均存在不同程度的塌陷影响,需要科学规划土地利用类型,修复方案。

(2)本区内还有小煤窑在开采,由此引起的塌陷还在继续。

(3)泉大地区水体稀少,现有水体仅有老龙眼水库为规模水体,目前水质尚可,但西边有生活污水排污口,这些生活污水未经处理就直接排入其中;其他水体大多为塌陷坑形成,水质均为劣 V 类,污染指标为 TN、TP、COD 和重金属。

(4)本区内存在大量的煤矸石废弃区、垃圾填埋区、垃圾丢弃区,需要采用生态工程技术进行覆土及植被修复。

(5)老龙眼修复区、大通修复区土壤分析表明,土壤肥力缺乏,重金属 Cd、Cr 污染严重,需要进一步研究土地合理利用技术,尽量减少或消除土壤重金属对环境的影响。

(6)人工恢复生态系统较为单一,尚未构成稳定的生态系统,而且植物体内重金属含量明显偏高。

(7)大通修复区西部化工厂废址土壤盐碱化较重,碱性强,植物不易生长,亟待进一步处理。

# 第4章
## 大通湿地单元地质稳定性

  采煤沉陷对土地资源造成大量破坏,引发地面塌陷、耕地面积减少、浅层地下水被疏干、环境污染、生态失调等一系列环境问题,严重影响了当地人们的生产和生活,制约着当地社会经济的持续发展(Bell *et al*,2000;张发旺等,2002;范英宏等,2003;姚国征,2012;李树志,2014)。随着国家对生态环境问题的日益重视,矿山环境治理和生态修复越来越受到关注。加强采煤等矿产开采沉陷区的综合整治,全面治理历史遗留的矿山地质环境问题,是目前矿业开发地区亟待解决的问题(Cooper *et al*,2000;严家平等,2004;刘飞等,2009;Maiti *et al*,2013;杨长奇,2013)。

  大通湿地单元位于淮南泉大资源枯竭矿区,由淮南大通煤矿沉陷区经过改造和修复而成。该地原是1903年建造、1979年报废闭坑的大通煤矿四号井。由于闭坑时间较长,故采空沉陷区已基本稳定。近年来,区内又有园林煤矿、长青煤矿等小煤窑对埋藏较浅的煤炭资源进行开采。已沉稳的老采空区在小煤窑重复采动条件下将发生采空区活化,造成老采空区破裂岩体和地表的二次移动和变形(郝刚等,2011;连达军等,2011),使该地地质稳定性降低,给采煤沉陷区的地质环境治理及生态系统重建带来了一定的困难(Ghose *et al*,2001;刘喜韬等,2007;姜升等,2009;Kumar *et al*,2010)。因此,查明采空区分布是沉陷区地质环境治理的基础。

2006 年,安徽工程勘察院曾对大通煤矿地面沉陷区域进行了稳定性评估,并提交了《安徽省淮南市大通煤矿地质环境影响与地面塌陷稳定性评估报告》。该报告称,本次研究区全部位于安徽工程勘察院所划分的采空塌陷不稳定区Ⅱ。该区不稳定,适宜性差,地质灾害发育强烈,地质构造复杂,工程建设遭受采空塌陷灾害的可能性大,综合评估为危险性大、防治难度大、不宜进行工程建设。

本次研究的思路是:在大通煤矿地面塌陷分区的基础上,对研究区进行钻探和物探精细探查,以查明研究区内松散土层的物理力学性质和采空区特征,从而对采空区稳定性进行精细评价。

## 4.1 岩土体工程地质性质

### 4.1.1 勘察取样

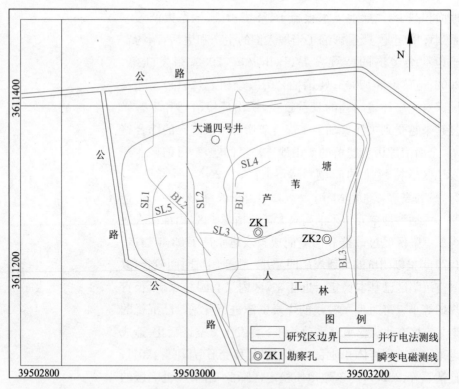

**图 4-1 勘察孔及物探测线位置**

在大通湿地生态区布置 2 个勘探孔,位置如图 4-1 所示。孔深合计为44.6m,钻孔进入基岩风化层厚度大于 3m,每个勘探孔松散土层段取芯率都在 85％以上,选取较为完整的土样及岩芯进行室内试验。土工实验按《土工试验方法标准》(GB/T50123−1999)进行,以查明勘探孔深度内土层类别,确定各土层的工程特性,提供勘探孔深度内上部土层的渗透系数。

## 4.1.2　土层构成及分布特征

根据勘察孔取样现场鉴定,结合室内实验及有关规范综合分析,将岩土层自上而下划分为①、②、③、④、⑤等 5 层,如图 4-2 所示,现将各层详述如下。

| 层数 | 分层厚度/m | 累计厚度/m | 柱状图 | 地质特征 |
|---|---|---|---|---|
| ① | 0.5~0.8 | 0.5~0.8 | | 素填土,主要为黏性土,局部夹碎石,含有植物根茎 |
| ② | 1.1~2.3 | 1.9~2.8 | | 黏土,暗灰色、灰黄色,稍湿,硬塑状,十强度高,有制性,含少量Fe、Mn质氧化物 |
| ③ | 9.5~15.2 | 12.3~17.1 | | 黏土,灰黄色、棕黄色,硬塑状,局部为坚硬状,稍湿,含有 Fe、Mn 结核,本层在3.0~6.5m处富含高岭土,呈灰白色 |
| ④ | 3.1~3.9 | 16.2~20.2 | | 全风化砂岩,介于棕红色和灰黄色之间,主要为硬塑状黏性土夹风化岩石。呈中密状,合金钻进较快,岩芯为碎块状 |
| ⑤ | >4.0 | >20.2 | | 强中风化砂岩,褐色为主,裂隙发育,铁质矿物充填其中,且裂隙面呈锈色。岩芯呈碎块状、短柱状,岩石强度低 |

**图 4-2　松散土层地质柱状简图**

①层:素填土,主要由黏性土组成,局部夹少量碎石,含有植物根茎,土层厚度为 0.5~0.8m。

②层:黏土,暗灰色、灰黄色,硬可塑状,以硬层状为主,稍湿,含少量 Fe、Mn 质氧化物,厚度为 1.1~2.3m。

③层:黏土,灰黄色、棕黄色,硬塑状,局部为坚硬状,含有 Fe、Mn 结核,本层在 3.0~6.5m 处富含高岭土,呈灰白色,厚度一般为 9.5~15.2m。

④层：全风化砂岩，介于棕红色和灰黄色之间，主要为硬塑状黏性土夹风化岩石，呈中密状，合金钻进较快，岩芯为碎块状，本层厚度为 3.1～3.9m。

⑤层：强中风化砂岩，以褐色为主，裂隙发育，铁质矿物充填其中，且裂隙面呈锈色。岩芯呈碎块状、短柱状，岩石强度低。岩芯采取率为 55％，岩芯表面较粗糙，厚度一般大于 4.0m。

### 4.1.3 岩土层物理力学性质

大通湿地单元松散层物理力学性质参数见表 4-1。

表 4-1　研究区松散层物理力学性质参数表

| 土样编号 | 取样深度(m) | 孔隙比 $e$ | 液限(％) | 塑性指数 $I_P$ | 渗透系数(cm/s) | 压缩系数 $a_{1-2}$(MPa$^{-1}$) | 黏聚力 $C$(kPa) | 内摩擦角 $\varphi$(°) |
|---|---|---|---|---|---|---|---|---|
| ZK1-1 | 3.1～3.2 | 0.703 | 43.2 | 20.5 | / | 0.11 | 97.6 | 14.2 |
| ZK1-2 | 3.5～3.7 | 0.672 | 42.0 | 19.9 | $6.14×10^{-7}$ | 0.11 | / | / |
| ZK1-3 | 6.5～6.7 | 0.761 | 46.4 | 21.6 | $4.55×10^{-6}$ | / | 101.2 | 14.0 |
| ZK1-4 | 8.0～8.2 | 0.727 | 42.1 | 19.9 | $5.65×10^{-7}$ | 0.16 | / | / |
| ZK1-5 | 10.4～10.6 | 0.805 | 46.6 | 21.9 | / | 0.11 | 83.7 | 17.2 |
| ZK2-1 | 0.8～1.0 | 0.728 | 41.5 | 20.0 | $2.20×10^{-6}$ | 0.21 | / | / |
| ZK2-2 | 1.50～1.7 | 0.705 | 46.0 | 22.6 | $4.79×10^{-7}$ | 0.09 | / | / |
| ZK2-3 | 3.0～3.2 | 0.683 | 46.5 | 22.6 | $6.55×10^{-7}$ | / | 91.7 | 14.0 |
| ZK2-4 | 5.5～5.7 | 0.681 | 46.6 | 22.5 | / | 0.21 | 92.8 | 16.3 |
| ZK2-5 | 8.0～8.2 | 0.672 | 45.5 | 22.3 | $4.29×10^{-7}$ | 0.10 | / | / |
| ZK2-6 | 10.0～10.2 | 0.692 | 46.0 | 22.1 | / | 0.09 | 91.8 | 16.6 |
| ZK2-7 | 13.2～13.4 | 0.713 | 44.6 | 21.6 | / | 0.10 | 99.9 | 16.4 |

根据土的工程分类标准(GB/T50145－2007)(表 4-2)，结合表 4-1 中土样的液限和塑性指数，得知研究区内松散土层属于低液限黏土。

表 4-2　土的工程分类标准(GB/T50145－2007)

| 土的塑性指标在塑性图中的位置 | | 土类代号 | 土类名称 |
|---|---|---|---|
| $I_p ≥ 0.73(w_L-20)$ 和 $I_p ≥ 7$ | $w_L ≥ 50％$ | CH | 高液限黏土 |
| | $w_L < 50％$ | CL | 低液限黏土 |
| $I_p < 0.73(w_L-20)$ 和 $I_p < 4$ | $w_L ≥ 50％$ | MH | 高液限粉土 |
| | $w_L < 50％$ | ML | 低液限粉土 |

由表 4-1 可以看出,土样的压缩系数介于 0.09 和 0.21 之间,属于中压缩性土;土样的内摩擦角介于 14° 和 17.2° 之间,黏聚力介于 83.7kPa 和 101.2kPa 之间;黏土层渗透系数介于 $4.55 \times 10^{-6}$ cm/s 和 $4.29 \times 10^{-7}$ cm/s 之间。根据《水利水电工程地质勘察规范》(GB50487—2008)中关于岩土体渗透分级的规定,区内为微—极微透水性土层,透水性差,有效地阻隔了地表水通过渗入补给地下水,为湿地单元储存地表水提供了有利条件。

全风化砂岩呈棕红色和灰黄色,主要为硬塑状黏性土夹风化岩石,呈中密状,岩芯为碎块状,厚度为 3.1~3.9m。强中风化砂岩以褐色为主,裂隙发育,铁质矿物充填其中,且裂隙面呈锈色。岩芯呈碎块状、短柱状,岩石强度低,岩芯采取率为 55%,岩芯表面较粗糙,单轴抗压强度介于 1.5MPa 和 4.6MPa 之间,平均值为 2.73MPa。

### 4.1.4　工程地质岩组划分

研究区范围内含煤地层为二叠系山西组和下石盒子组。山西组上部为砂岩、粉砂岩;煤层总厚度约为 6.5m,含煤 3 层,即 $S_8$、$S_7$、$S_6$ 煤,稳定可采。下石盒子组下部为铝质泥岩及花斑状泥岩,中部以细砂岩、粉砂岩为主,上部以深灰色—浅灰色泥岩、砂质泥岩为主;煤层总厚度约为 14.9m,含煤 13 层,其中可采煤层 7 层,即 $S_5$、$S_4$、$S_3$、$S_2$、$S_1$、$N_1$、$N_2$ 煤层。研究区内煤层平均倾角为 60°,属极倾斜煤层,开采后地表下沉,盆地将向下山方向明显偏移。根据收集资料的综合分析,研究区煤层工程地质岩组划分如图 4-3 所示。

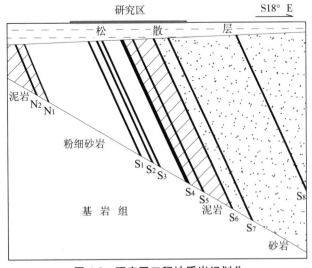

图 4-3　研究区工程地质岩组划分

研究区所在位置为大通煤矿开采最早的地方,当时多采用房柱式、刀柱式等采煤方法,采煤工作面不连续,呈蜂窝状,而且大通煤矿已闭坑30余年,井下具体采掘工作面布置情况已无从查起,课题组研究人员两次赴淮南矿业(集团)有限责任公司,也未收集到有关井下采掘工程相关的文字及图件资料。此外,虽然大通煤矿闭坑已久,但该区域尚有园林煤矿、长青煤矿等小煤窑在开采浅部煤层。因此,目前虽然已经掌握该区域煤层赋存情况,但是井下工作面具体如何布置,哪层煤已经开采,哪层煤尚未开采,已开采煤层是全部采出还是部分采出,目前无从考证。由于基础地质采掘资料的缺乏,采用理论计算、数值模拟及物理模拟试验等手段进行开采沉陷研究几乎没有可能,所以现场综合地球物理探测是本区域地质稳定性研究的有效可行手段。

## 4.2　采空区综合地球物理探测

### 4.2.1　测试方法及技术原理

(1)地质与地球物理条件。正常地层沉积序列一般较清晰,地层相对稳定,正常地层组合条件下,地层电性参数在横向与纵向上都有固定的变化规律。在煤系地层中泥岩、页岩类岩石电阻率值为1至几十欧姆米,砂岩电阻率值在数十至数千欧姆米,煤层的电阻率通常为数百至数千欧姆米,这些参数为开采前煤系地层电阻率值(吴荣新等,2012;张平松等,2012)。

煤层开采后,地下原有地应力场的平衡状态被打破,受上覆岩层自重影响,地层本身向下沉陷,在此过程中,岩层内部将产生变形后破坏,这就导致了岩层内部的电性特征产生变化。根据现场探测,煤层开采之后,在弯曲下沉带内,岩体的电阻率值略有升高;在导水裂缝带中,其电阻率值一般是正常值的1.5倍以上;在冒落带中,电阻率值是正常值的4倍以上(吴荣新等,2012)。

在地面采用电阻率方法测试地下岩溶或采空区时,当岩溶或采空区内部含水时,相对围岩介质而言,岩溶或采空区范围内将表现出低电阻率特征;而当采空区或岩溶不含水时,则因为岩层自身的变形和破坏,在采空区上部将表现出相对围岩介质高电阻率特征(梁爽等,2003;解海军等,2009;张振勇等,2013)。由此可见,对于采空区或岩溶的分布,可以采用相对视电阻率评价的方法对其含水性进行评价,同时,根据其变化,可确定采空区的分布范围。

(2)地面瞬变电磁测试关键技术。当前,物探方法已经成为采空区探测最为重要的技术手段(程建远等,2008)。瞬变电磁测深法作为一种重要的物探方法,具有电性分辨能力强、随机干扰影响小、与探测目标体耦合性最佳、测地工作简单等优点,被广泛应用于采空区调查中(贾三石等,2011;刘国辉等,2011)。瞬变电磁法属于时间域电磁感应法,它利用不接地回线或接地线源向地下发送一次脉冲场,在一次脉冲场间歇期间利用回线或电偶极接收感应二次场,该二次场是由地下良导地质体受激励引起的涡流所产生的非稳电磁场(范亮等,2011;王华峰等,2013)。就基础理论而言,频域电磁法和时间域电磁法是相同的,两者都研究电磁感应二次场。但是,由于时域方法在一次场不存在的情况下观测二次场,主要的噪声源不同于频域方法,就此而言,两者不等价,时域方法显示出更多的优点,比较突出的优点有以下方面:

①观测纯二次场时,自动消除了频域方法中的主要噪声源——装置耦合噪声,噪声主要来自天电及人文电磁干扰。

②时域方法对于导电围岩和导电覆盖层的分辨能力优于频域方法,并且测量方法既快又简单,更适合勘探工作的需要。

③在高阻围岩条件下,没有地形引起的假异常。

④可使用发送与接收回线中心同点的装置工作,使其与欲探测的地质体达到最佳的耦合,所得到地质异常的幅度大、形态简单、受旁侧影响小,提高了对地质体的横向分辨能力。

(3)网络并行电法技术原理。网络并行电法探测技术是继常规电法和高密度电法后发展起来的新一代电法数据采集技术。和常规电法及高密度电法每次供电只能采得1个测点数据不同,网络并行电法探测技术每次供电可同时获得多个测点数据,是一种全电场观测技术。该方法探测时一次布置多道电极,测线上任意一对电极供电时,其余所有电极能同步采集电位变化情况,显著提高了电法探测效率,更重要的是,削弱了游散电流等干扰因素对直流电法结果的影响,提高了直流电法采集数据的信噪比,探测可靠性明显增强。根据电极观测装置和场源形式的不同,将网络并行电法数据采集方式分为AM法和ABM法。AM法是基于点电源场形式采集的:如测线上布置64个电极,则任一单电极(A极)供电时,其余63个电极(M极)同时采集电位,一次采集的数据可进行所有点电源场的电阻率反演,包括二极、三极等装置。而ABM法则基于异性点电源场形式采集:由任2个电极组成偶极供电(AB极),其余62个电极(M极)同时采集电位数据,一次采集的数据可进行所有双点电源场电阻率反演,包括偶极、对称四极和微分装置(刘盛东等,2009)。

### 4.2.2 现场测试布置

(1)测线布置。

①瞬变电磁法探测测线布置。地面瞬变电磁法测试现场共布置 5 条测线,如图 4-1 所示,具体测试布置如下:

测线 1:南北方向测线,该测线布置 11 个测点,点距 10m,完成测线长度约为 100m。

测线 2:南北方向测线,该测线布置 11 个测点,点距 10m,完成测线长度约为 100m。

测线 3:东西方向测线,该测线布置 12 个测点,点距 10m,完成测线长度约为 110m。

测线 4:东西方向测线,该测线布置 6 个测点,点距 10m,完成测线长度约为 50m。

测线 5:东西方向测线,该测线布置 4 个测点,点距 10m,完成测线长度约为 30m。

②网络并行电法测线布置。本次并行电法测量根据现场地形及地质特征,沿南北向共布置 3 条测线,分别为 BL1、BL2、BL3,由于受地形和周边公路限制,故测线部分段弯曲。为保证测线穿过整个勘探区域,使采空区与正常地层对比分析,每条线采用 64 个电极采集,极距为 5.5m,具体情况见表 4-3。

表 4-3  测线布置情况表

| 测线编号 | 测线位置 | 电极数 | 电极距(m) | 数据质量 |
|---|---|---|---|---|
| L1 | 勘探区域中间 | 64 | 5.5 | 良好 |
| L2 | 勘探区域西侧 | 64 | 5.5 | 良好 |
| L3 | 勘探区域东侧 | 64 | 5.5 | 良好 |

(2)技术参数设置。

①瞬变电磁测试参数设置。通过试验和资料分析工作,本着"以解决地质任务为前提,尽量提高效率"的原则,选择如下工作参数进行全区施工,可以达到所需勘探的深度,完成所承担的地质任务。

仪器选用:加拿大 TerraTEM 瞬变电磁仪。

发射频率:5Hz;发射框:10m×10m×5m;接收框:10m×10m×5m;电流:10A;发射电压:24V;叠加次数:128。

测试线框:数据采集中利用 5 匝边长 10m 的线框,周长为 4×10m=40m,发射和接收采用同心回线方式,共使用测试电缆近 400m。

测试布点:数据采集中测点间距为 10m,力求测线穿过正常区、开采区等,目的是保证对测试剖面的对比。

测试频率:现场试验时,采用 5Hz 频率进行数据采集,每一点采集 92 道数(时间)。供电电压达 24V,测试电流达 10A,数据采集有效。

②网络并行电法测试参数设置。仪器选用安徽惠洲地下灾害研究设计院最新研制的 WBD—GD 型网络并行电法仪。数据采集模式为 ABM 法,仪器工作供电电压为 24V,恒流时间为 0.5s,采样时间间隔为 50ms。

### 4.2.3　测试结果分析

(1)瞬变电磁探测 SL1~SL5 联合剖面分析。图 4-4 测线为 SL1~SL5 联合剖面视电阻率分布结果图。采用地面瞬变电磁探测,浅部 20m 范围以内为探测盲区,探测深度为地面以下 20~350m。

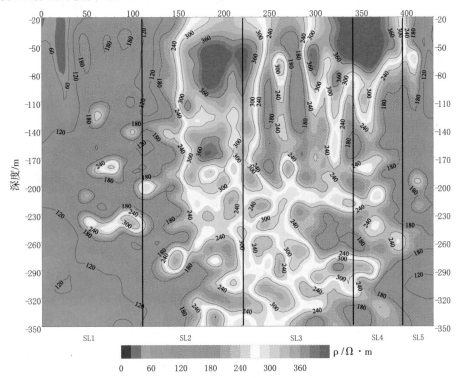

图 4-4　测线 SL1~SL5 联合视电阻率剖面

图中 5 条测线电阻率横向上分布有一个共同特点,即电阻率等值线明显弯曲变形,已不再是未受采动破坏之前电阻率等值线随地层略有起伏的平行曲线,电阻率等值线出现多个高阻区和低阻区,反映出受到采动覆岩变形破坏的影响。

从该图中明显可见,不同测线之间视电阻率的分布有较大的差异。在横向分布上,测线 SL2～SL4 的视电阻率值相对 SL1、SL5 较高,根据测线的布置位置可以看出,该差异特征为采空区在横向上的划分提供了良好的依据。在纵向上同样可以看出,测线 SL1 的前 5 个测点以及 SL5 的后 3 个测点下方从浅部至深部,其视电阻率值分布相对均匀,而 SL2～SL4 在纵向上的分布均匀性较差,该不均匀性特征与煤层采空后上覆岩层受自重应力场作用而发生变形以及破坏特征有关。由此可见,纵向视电阻率值的分布不均匀性特征为采空区上部岩层的总体响应。

此外,测线 SL2～SL4 从浅部到深部电阻率分布也存在明显差异,高阻异常区分布不连续。SL2 测线高阻异常区主要分布在 250m 以浅,由浅至深高阻异常区电阻率值由最高 400Ω·m 降至 240Ω·m;SL3 测线高阻异常区主要分布在 120m 以浅和 200m 以深两个区域,浅部高阻异常区电阻率值也高于深部;SL4 测线高阻异常区主要分布在 100m 以浅区域。

(2)并行电法测试结果。图 4-5 为并行电法测线 BL1、BL2 和 BL3 电阻率剖面图。并行电法探测深度为地面以下 10～150m,对浅部探测效果明显。测线方向为自南向北,小号端在南,大号端在北,至舜耕山环山公路。由图 4-5 可见,这 3 条测线具有类似的电阻率异常特征,均表现为在埋深 40m 以下有高阻异常区,该异常区形状在电阻剖面图上为倾斜的椭圆形,倾向南,倾角为 45°左右,小于煤层倾角 60°,这与测线方向和煤层倾向方向有约 20°夹角有关。

经与图 4-3 研究区工程地质岩组划分结果综合分析,该异常区为采动覆岩变形移动区,即采空区。BL1 测线高阻异常区电阻率在 160Ω·m 以上,BL2 测线高阻异常区电阻率在 140Ω·m 以上,BL3 测线高阻异常区电阻率在 100Ω·m 以上。BL3 测线电阻剖面高阻异常区电阻率比 BL1、BL2 测线要小得多,其原因可能是 BL3 测线有一半电极布置在芦苇塘岸边,受芦苇塘水体影响,整体电阻率值较小。BL3 测线高阻异常区范围比 BL1、BL2 测线大,形状也不规则,在研究区南部边界地面以下 50～70m 范围内也有一高阻异常区。

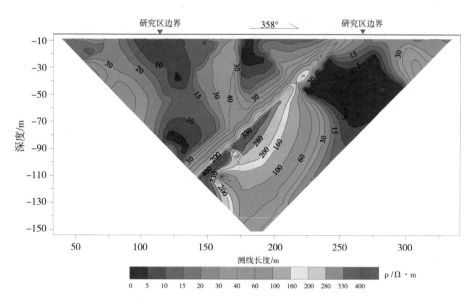

(a)BL1 测线电阻率剖面图

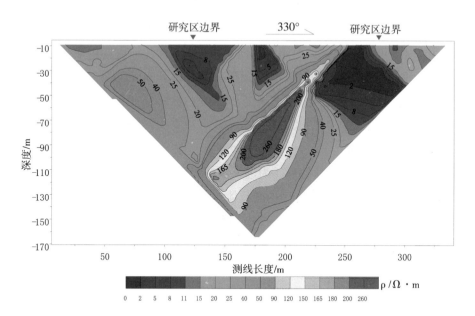

(b)BL2 测线电阻率剖面图

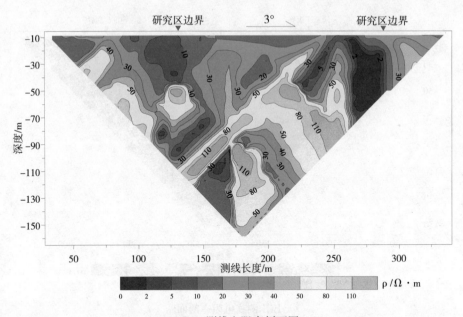

(c)BL3 测线电阻率剖面图

**图 4-5　并行电法测线电阻率剖面图**

由图 4-5 可见,3 条测线电阻率剖面都明显地反映出研究区内采空区的分布范围。从垂直方向上看,采空区主要分布在地面以下 50m 以深;从水平方向上看,BL1、BL2 测线附近采空区范围相近,BL3 测线处采空区分布范围稍大,且分布不连续,这与当时的房柱式、刀柱式等采煤方法有关,采煤工作面不连续,导致采空区分布呈蜂窝状。

(3)视电阻率深度切片解释。为进一步突出采空区的平面分布范围,按照瞬变电磁测线 SL1～SL5 在研究区内的具体位置,进行坐标拾取,并将计算视电阻率值按此坐标进行投影,从而获得不同深度的视电阻率等值线图,如图 4-6 所示。

由图 4-6 对比分析可见,50m 埋深时,研究区大部分视电阻率值较高,SL2 测线以东、SL3 测线以北区域视电阻率值都在 200Ω·m 以上,明显高于其他区域;100m 埋深时,SL2 测线附近和研究区东部视电阻率值较高,但相比 50m 埋深时有所降低;150～250m 埋深时,只有 SL2 测线附近及其以东部分区域视电阻率值在 200Ω·m 以上;300m 埋深时,研究区东部区域视电阻率值较高,在 200Ω·m 以上;350m 埋深时,又只有 SL2 测线附近区域视电阻率值在 200Ω·m

以上。由此可见,视电阻率值所反映的研究区内不同埋深时采空区平面分布范围具有明显的差异,100m以浅采空区分布范围最大,100～250m埋深范围内采空区分布范围较小,而300m埋深以深区域采空区分布范围略有增加。

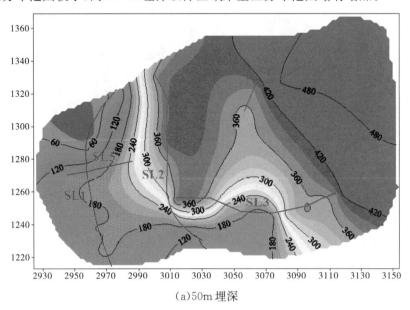

(a)50m 埋深

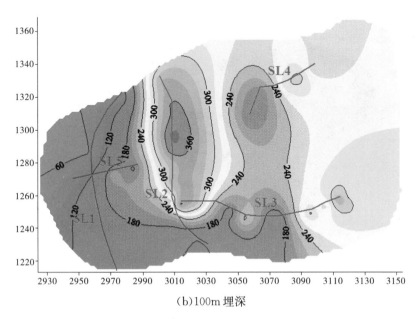

(b)100m 埋深

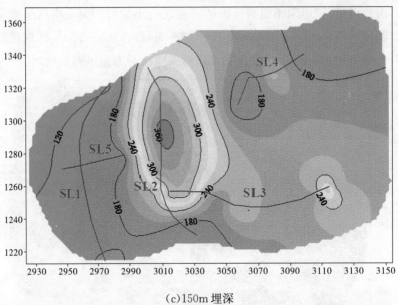

(c)150m 埋深

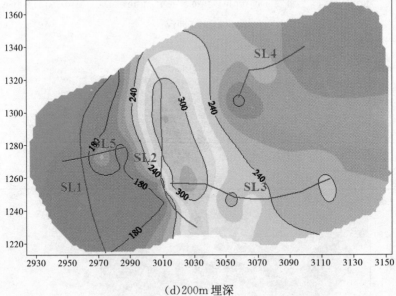

(d)200m 埋深

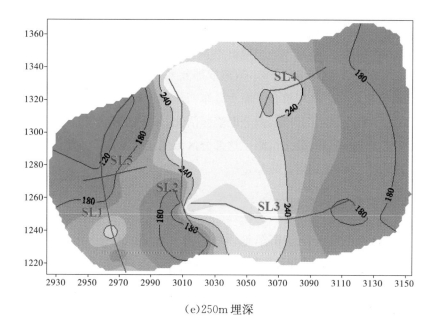

（e）250m 埋深

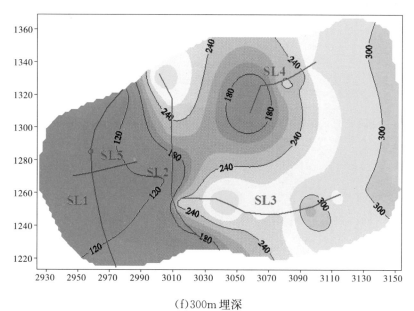

（f）300m 埋深

图 4-6　研究区不同埋深视电阻率平面分布图

探测结果表明,尽管研究区都处于大通煤矿原四号井采空塌陷范围以内,但并非全部区域都处于塌陷严重、不稳定区域。由于当时有园林煤矿、长青煤矿等小煤窑的开采活动,且是部分开采,故造成部分采空区活化,覆岩进一步变形、破坏,导致研究区内视电阻率值在平面上分布明显有差异。同时,原大通煤矿采空塌陷区内由于有小煤窑的开采,部分塌陷区活化,采空区破碎煤岩体的再压密过程尚未完成,故地表尚有残余沉降。这部分区域属于采空塌陷不稳定区,而其他区域由于沉陷已久,故相对比较稳定。

## 4.3　研究区地质稳定性综合评价

本研究区范围内无岩溶塌陷,地面塌陷由大通煤矿四号井闭坑之后遗留的老采空区塌陷及园林煤矿和长青煤矿等小煤窑开采浅部煤层塌陷所致。根据研究区视电阻率平面分布图,考虑到浅部采空区对地表影响较深部大,结合该区域地质环境条件对采空塌陷稳定性(危险性)进行综合评价。研究区地质稳定性分区如图4-7所示,其中,Ⅰ区为采空塌陷不稳定区,Ⅱ区为采空塌陷基本稳定区。

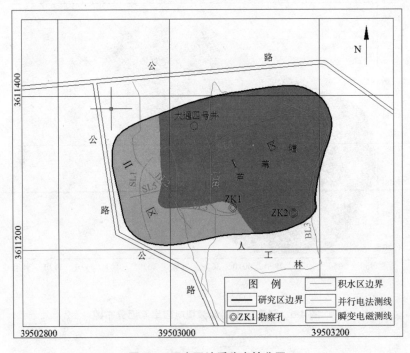

图4-7　研究区地质稳定性分区

采空塌陷不稳定区分布在研究区中部和东部,面积为 $28.3 \times 10^3 m^2$。该区为大通煤矿塌陷区范围中受小煤窑重复采动影响的部分。区内残余沉陷量大于100mm,残余水平变形大于 0.5mm/m,位于煤层露头上方的抽冒危险带内,工程建设遭受采空塌陷地质灾害危险性较大,综合评定为采空塌陷不稳定区。

采空塌陷基本稳定区分布在研究区西部和西南部,面积为 $12 \times 10^3 m^2$。该区为大通矿塌陷区范围中不受小煤窑重复采动影响的部分。区内大通煤矿开采活动较早,20 世纪 60 至 70 年代已开采完成。经过几十年的残余沉降和覆岩再压密过程,该区内采空区上覆岩层已基本稳定,区内残余沉陷量小于100mm,残余水平变形小于 0.5mm/m,工程建设遭受采空塌陷地质灾害危险性为中等,综合评定为基本稳定区。

## 4.4　小结

针对大通湿地单元地质稳定性问题,利用钻孔取样及室内土工实验,研究了松散层物理力学性质,采用瞬变电磁方法和并行网络电法手段,对研究区内采空区及其受小煤窑重复采动活化情况进行了现场探测,在此基础上对研究区地质稳定性进行了综合评价。

(1)大通湿地单元第四系黏土层厚度稳定,在 12.3m 和 17.1m 之间,为微—极微透水性土层,透水性差,有效地阻隔了地表水通过渗入补给地下水,对于湿地生态系统重构提供了有利条件。

(2)现场综合地球物理探测结果表明,视电阻率在不同测线的垂向剖面和不同埋深水平方向上都具有明显差异性。垂直方向上,150m 以浅区域高阻区相对集中,而深部区域高阻区分布不连续,且阻值低于浅部;水平方向上,高阻区主要分布在研究区中东部。

(3)地质稳定性综合评价结果表明,研究区中部、东部由于有小煤窑的重复采动,采空区活化,故属于采空塌陷不稳定区,而其他区域不受小煤窑重复采动影响,经过几十年的残余沉降和覆岩再压密过程,该区内采空区上覆岩层已基本稳定。

# 第 5 章
# 大通湿地水循环特征及水文状态

## 5.1 大通湿地水循环特征及人类活动影响分析

本节从基本概况、水循环要素特征和人类活动的影响3 个方面对大通湿地进行分析和研究。大通采煤沉陷区的背景资料是建立湿地水循环模型,进而模拟地表径流量与水面面积变化关系的基础。

### 5.1.1 基本概况

2006 年 6 月,淮南市泉大资源枯竭矿区环境修复与开发项目被国家发展和改革委员会立项,列为国家循环经济试点重点项目。泉大资源枯竭矿区环境修复与开发项目总建设面积为 22km$^2$。大通湿地生态区建设项目作为泉大资源枯竭矿区环境修复与开发项目的示范区,率先实施。该建设项目地处大通采煤沉陷区内。

#### 5.1.1.1 地理位置

淮南市交通便利,铁路有淮南线,公路交通有淮南至合肥、淮南至蚌埠、淮南至颍上、淮南至利辛、淮南至蒙城等主要线路,淮南至合徐高速的连接线从大通采煤沉陷区的北部边缘通过,水运有淮河。

大通采煤沉陷区紧邻淮南市主城区,地处舜耕山、洞山以北,是现有主城区和山南新城区的过渡地段,是新城区与老城区之间相互联系的纽带,在淮南市城市发展规划"东进南扩"范围之中,舜耕山将来会成为一座"城中山"。规划中的淮舜路和中兴路位于治理区西部和东部,成为连接山北主城区和山南新城区的主要交通干道,现存的水泥厂路也将成为一条南北连通的重要通道。因此,大通采煤沉陷区在城市规划中占有相当重要的地位。

大通采煤沉陷区生态修复区范围为:西起规划中的淮舜南路,东至规划中的中兴路西侧,南到采空沉陷影响边界外侧(沿山路),北达洞山东路南侧。地理坐标为:东经117°01′38.7″～117°03′46.9″,北纬32°36′40.5″～32°37′42.1″。沉陷区总面积为356.5hm²,沉陷区拐点坐标见表5-1。项目分两期实施,一期治理水泥厂路以西部分,二期治理水泥厂路至中兴路部分。

表5-1　大通采煤沉陷区治理项目沉陷区拐点坐标一览表

| 编号 | X | Y | 编号 | X | Y |
|---|---|---|---|---|---|
| J1 | 3611457 | 39502589 | J10 | 3609734 | 39505132 |
| J2 | 3611481 | 39502624 | J11 | 3609842 | 39504979 |
| J3 | 3611552 | 39503185 | J12 | 3610070 | 39504653 |
| J4 | 3611513 | 39504257 | J13 | 3610426 | 39504180 |
| J5 | 3611601 | 39504829 | J14 | 3610584 | 39503729 |
| J6 | 3611397 | 39505749 | J15 | 3610778 | 39503170 |
| J7 | 3611337 | 39505833 | J16 | 3610852 | 39503009 |
| J8 | 3611230 | 39505909 | J17 | 3611130 | 39502782 |
| J9 | 3609708 | 39505340 | J18 | 3611388 | 39502602 |

本次项目的研究范围仅限于一期修复的湿地工程。具体范围为:西起淮舜南路,东至水泥厂路西侧,南到采空沉陷影响边界外侧(沿山路),北达洞山东路南侧,面积约为111.3hm²。

### 5.1.1.2　地形地貌

研究区域位于淮河中游南岸,地势南高北低,高程为30～200m,属淮河冲湖积平原与江淮丘陵交接地带。区域上地貌类型多样,有丘陵、山前斜地、阶地、岗地、漫滩等。

数十年的煤矿开采活动,造成地面的下沉塌陷,形成现状地形,丘陵和低洼湿地交错,局部出现坑塘水域。

区域内最大高差约为43m,基本呈现南高北低、东高西低的地势。修复区南部毗邻舜耕山脉北坡,地势较高,大部分为石灰岩山体,绿化条件较好,但由于采石工业的开采破坏,而造成山体多处岩石裸露,无植被生长;东南部现状是大通水泥厂以及个体采石场、石料厂,无序采石对舜耕山体破坏很大;东部是煤矿塌陷区,地形变化较大,局部高差十分明显,区内有小型工业企业和小煤矿;北到洞山东路的区域,地势平坦,现状部分为苗圃、少量居民住宅区,还有少量工业企业。

除径流外,场地内还有两处大型的因地面塌陷而形成的坑塘,一处位于修复区西部园林井南侧,另一处位于修复区东部园林井和长青矿之间。从外观上看,第一处塌陷坑植被生长状况较好,有大片的芦苇和香蒲群落。而第二处塌陷坑的塌陷时间明显较短,最大深度超过 20m,坑内有一部分上返的地下水,基本没有植物生长,其北部有大面积的取土痕迹。整体地形处于舜耕山的半包围之中,地势也是南高北低,因而造成舜耕山北坡甚至部分山脊线上降雨产生的汇水,基本都以径流的方式流入修复地内,最终汇集到塌陷坑和取土坑之中,形成不同特点的小型水面。

大通生态修复区采用煤矸石、生活垃圾和化工垃圾进行填埋,覆土深度为 30cm 左右。

### 5.1.1.3 地层与岩性

研究区地层分区属华北地层大区晋冀鲁豫地层区徐淮地层分区淮南地层小区。北部基岩被第四系覆盖,南部低山残丘区出露前震旦系、寒武系、奥陶系等地层,其中,石炭系太原组、二叠系山西组、下石盒子组及上石盒子组赋存煤层,主要开采 $N_2$ 等 13 层煤层,最大开采深度为 670m,累计采厚为 25.8m。

研究区覆盖层为第四系中更新统临泉组和上更新统颍上组。临泉组地层分布于丘陵四周,残坡积、冲洪积成因,厚约为 15m,岩性为棕黄色含砾粉质黏土,黏土矿物主要为伊利石;颍上组地层分布于二级阶地、岗地,岩性主要为灰黄色粉质黏土,冲积、冲湖积成因,厚约为 30m,黏土矿物主要为伊利石和蒙脱石。

### 5.1.1.4 水文地质条件

(1)地下水的类型及含水岩组。区内地下水按其赋存条件和水力特征可分为松散岩类孔隙水、碎屑岩类裂隙水和碳酸盐岩裂隙岩溶水 3 类。

①松散岩类孔隙水。含水岩组由第四纪松散沉积物组成,主要岩性为黏土和粉质黏土,一般厚度为 3~20m。水力特征为潜水、上层滞水,由于煤矿大量疏

干地下水,故松散岩类孔隙水先前大部被疏干,现基本已恢复为天然状态。经对区内民井调查发现,孔隙水水位埋深为 3～6m。该含水岩组富水程度较差,单井涌水量小于 $30m^3/d$。水化学类型主要为 $HCO_3-Ca\cdot Na$ 型。

②碎屑岩类裂隙水。碎屑岩类裂隙水主要赋存于二叠系砂岩裂隙中,并以风化裂隙水和构造裂隙水的形式存在,水力性质为承压水。据淮南矿区抽水试验资料显示,该类地下水涌水量与水位降深呈"消耗型"特征,地下水补给、径流和排泄条件均较差。由于煤矿大量疏干排泄地下水,所以地下水位埋藏较深,开采状态下,地下水位埋深约为 200m,现在埋深恢复到约 100m。由于缺少必要的储水空间,故单井涌水量一般小于 $50m^3/d$,富水性弱。地下水化学类型为 $HCO_3\cdot Cl-Na$ 型或 $SO_4-Na$ 型。

③碳酸盐岩裂隙岩溶水。碳酸盐岩裂隙岩溶水主要分布于南部舜耕山、山前斜地,赋存于寒武系、奥陶系及石炭系灰岩、白云质灰岩的裂隙溶洞中。根据淮南富强混凝土搅拌站、淮南市福利院水井调查发现,水位埋深为 50～60m,且水位因开采而呈下降趋势。该含水岩组富水性较好,单井涌水量一般为 100～$500m^3/d$,水化学类型主要为 $HCO_3-Ca$ 型。

(2)地下水的补、径、排之间的关系。松散岩类孔隙水主要来自大气降水补给,并以蒸发、人工开采(农灌、农村人畜用水)和侧向径流为主要排泄途径,地下水自山前流向平原区。

碳酸盐岩裂隙岩溶水在基岩裸露区可接受大气降水补给,并以人工开采(矿坑疏干排水)、侧向径流为主要排泄途径,地下水自基岩裸露区流向山前浅隐伏区。

碎屑岩类裂隙水在隐伏区与松散岩类孔隙水和碳酸盐岩类裂隙岩溶水存在互补关系,天然状态下水交替缓慢,补排条件差,侧向径流微弱。

## 5.1.1.5　土壤与植被

大通湿地土壤为第四系洪积物,主要为砂礓黑土和黄土,土质较好,厚度为 30～50cm,适合植被生长。大通煤矿沉陷区整体呈东西分布,沉陷形状为斗形,大多沉陷区内虽然物种单一,但植被生长较好,这都为沉陷区湿地水系修复建设提供了基础条件。由于附近没有河流或水体不流通,所以在沉陷区形成的人工湿地水体没有办法进行自然水循环,产生了"死湖"现象,而且湖内缺乏自然生态系统,自净化能力非常小,如果大量营养元素进入,则水体容易发生富营养化现象。

### 5.1.1.6 气候与气象

本区处于亚热带与暖温带的过渡地带,属暖温带半湿润季风气候区,基本特征是:春暖、夏热、秋凉、冬冷;气候温和,四季分明,日照充足,雨量适中,无霜期长,季风显著,雨热同季。据淮南市气象台资料(截至 2007 年)显示,历年平均气温为 15.5℃,最高气温为 41.2℃,最低气温为−22.2℃,7 月平均气温为 28.3℃,1 月平均气温为 1.7℃;平均气压为 1013.3hPa;平均水汽压为 14.9hPa;平均相对湿度为 72%;年平均降水量为 936.9mm,年最大降水量为 1567.5mm,年最小降水量为 471.0mm。每年的 6~8 月为丰水期,降水量约占全年总降水量的 50%,12 月至次年的 2 月为枯水期,降水量约占全年总降水量的 8.8%;年蒸发量为 1603mm;常年主导风向为东风,夏季主导风向为东南风,冬季主导风向为东北风;年平均风速为 2.7m/s;平均日照百分率为 51%;平均降水日数为 105.9日;平均雾日数为 17.3 日;地面平均温度为 17.5℃。

本区内光、热、水等资源丰富,但灾害性天气较频繁,尤其是洪涝灾害,最为严重,每年的 6~8 月常出现大面积持续性暴雨天气,造成洪涝灾害。

### 5.1.1.7 水系与水文

研究区域位于淮河南边约 8km,窑河西边约 6km,淮河经淮南市区长约 51km,河道宽约 400m,历史最高水位达 25.63m(1954 年 7 月 27 日),最低水位为 12.36m(1953 年),丰、枯季流量相差很大,历年最大流量为 10800$m^3$/s(1954年 7 月),最小流量为 0.5$m^3$/s(1978 年),平均流量为 686$m^3$/s。

修复区内水体主要由地表水、地下水和垃圾渗漏液组成,其中,地表水包括降雨的径流水、上返的地下水、排放的矿坑水、生活区的排放水,垃圾渗漏液包括生活垃圾和建筑垃圾的混合渗漏液,地下水中还包括一部分矿坑水。

场地内的总水量并不大,主要是 1 条排洪沟和 3 个大坑内有部分水。场地东西向地势复杂,因而 3 个大坑内的水体无法形成连通,导致现状无法形成连通的整体水系。除上述几处水域外,场地内还有一些零星的水面,大部分都是由长时间积水和排放的污水混合而成的。

研究区内有部分区域由于人工沟渠或道路的隔断,而使雨水及地表径流往启动区外流,不进入中心的坑塘之中,一是东西向排洪沟,把来自舜耕山上的地表径流引至洞山公路边,进入城市雨水收集管网;二是位于修复区西部和西北部园林矿井以北的部分区域,由于道路的隔断,而使该区雨水及地表径流往外流,也汇入城市雨水收集管网;三是位于东北角长青煤矿以北区域,该区域中有一人工开挖的水塘,因地势原因,收纳了水塘东北方向一片区域的雨水及地表径流,又因长青煤井抽排地下水汇入其中,故沿北部的人工水沟倒流进入洞山公路旁的城市雨水收集管网。除了以上3部分区域外,区内其他区域的降雨及地表径流根据地势的走向汇入到两大沉陷坑内。

## 5.1.2 湿地自然水循环要素特征分析

为了建立合理的大通生态修复区湿地水循环模型,需要对湿地主要的自然水循环要素特征进行深入的分析与研究。大通湿地属于封闭型湿地,水循环要素主要包括地表径流来水量、地表径流出水量、降雨量、蒸散发量、地表水补给地下水量和人工取水量。

### 5.1.2.1 地表径流来水量特性

大通湿地是在原大通煤矿大量开采地下煤炭资源而造成的地表沉陷坑基础上逐渐发展和演变而来的一种范围相对较小的封闭型湿地。由于湿地上游不存在地表河湖和地下水源的直接补给,所以该湿地的来水量主要取决于大气降水及南边舜耕山北坡、西部斜坡以及北侧非采煤沉陷区坡地上降雨产生的汇水,这些来水以地表径流方式汇入湿地。湿地地表径流场、流向、坡度和坡向分析如图5-1至图5-4所示。

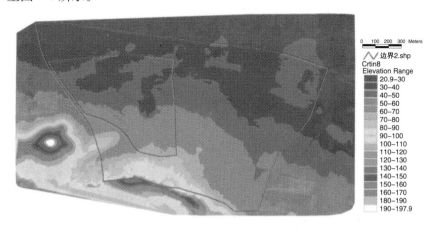

图 5-1 大通采煤沉陷区湿地高程分析

图 5-2　大通采煤沉陷区湿地地表径流流向分析

图 5-3　大通采煤沉陷区湿地坡度分析

图 5-4　大通采煤沉陷区湿地坡向分析

该湿地的来水量明显表现出季节性特点:当年的 6～8 月份径流量较大,当年的 12 月份至次年的 2 月份径流量较小,这与每年的降雨周期有关。在丰水年份,径流量大;而在枯水年份,则径流量小。

### 5.1.2.2 地表径流出水量特性

由于大通煤矿属倾斜或急倾斜煤层开采,所以从地表沉陷的机理上分析,该地表沉陷区呈不对称漏斗状,且漏斗四周发育有厚度为 15～25m 的微—极微透水性黏土层,形成一相对独立的封闭区域,因此,理论上不存在湿地地表径流出水的现象。其地表径流出水量取决于湿地内水面面积或水面高程。

### 5.1.2.3 降雨量特性

通过对淮南市 1952—2000 年的降雨量资料分析可以发现,该地区年内各月降雨量分布极不均匀,具有明显的波峰:7 月份降雨量最多,12 月份降雨量最少,多年年平均降雨量为 936.9mm,年最大降水量为 1567.5mm,出现在 1956 年,年最小降水量为 471.0mm,出现在 1953 年,两者相差 1096.5mm。每年的 6～8 月份为丰水期,降水量约占全年总降水量的 50%,12 月份至次年 2 月份为枯水期,降水量约占全年总降水量的 8.8%。

### 5.1.2.4 蒸散发量特性

通过对淮南市多年年蒸散发量数据统计发现,该地区年蒸散发量为 1603mm,且年内变化较大,呈单峰分布,主要集中在 5～9 月份,约占全年蒸散发量的 60%,每年的 12 月份和 1 月份是全年蒸散发量的最低时期,因为 5～9 月份气温较高,而且是植被的主要生长阶段,所以蒸散发量较大;反之,其他月份气温较低,植被稀少或已凋零,所以蒸散发量较小。

### 5.1.2.5 地表水补给地下水量特性

地表水补给地下水的过程是指地表水的渗漏过程,它是地表水在水的重力、毛细管引力和土壤表层分子力的综合作用下进入地下土壤层的过程。渗漏是联系地表水与地下水的纽带,是水资源形成、转化与消耗过程中不可缺少的重要环节,也是湿地水循环过程中重要的组成部分。在研究地表水补给地下水过程时,地表水(如湖泊、河流、湿地等)底部沉积物和岩(土)层的渗透系数 $k$ 是一项重要的参数或指标,它能直接反映地表水与地下水之间水力联系的强弱。

通过对湿地地下垫层和土层的钻探、取样和测试,结果表明,该湿地内下垫土厚度一般为 0.5～0.8m,主要为黏性土,局部夹碎石,含有植物的根茎;下垫土以下分布着第四系地层,厚度为 15~21m,其成分主要为粉质黏土,空间分布上较为均匀。渗透试验结果显示,第四系粉质黏土层渗透系数介于 $4.55\times10^{-6}$ cm/s 和 $4.29\times10^{-7}$ cm/s 之间,为微—极微透水性土层,透水性差。

### 5.1.2.6 人工取水量分析

湿地周边分布着少量的居民区,且湿地的上游分布着一个废弃的化工垃圾厂,由于处理设备报废,所以上游地表径流入水将化工垃圾中的有害物质带入湿地内,使得湿地内的水质较差,导致人工取水量较少。人工取水量对湿地内水循环影响不大,可以不计入湿地的水循环过程。

### 5.1.3 人类活动对湿地的影响

在湿地的周边分布着小煤井和其他企业和居民区,对湿地的水循环过程人为造成破坏,下面从煤炭开采、人为工程、化工垃圾及生活垃圾等方面讨论人类活动对湿地的影响。

### 5.1.3.1 煤炭开采对湿地的影响分析

在湿地的东南侧,有一家尚在生产开采的小煤井,小煤井经长期开采并抽排地下水,使得该区域的地下水水位大幅度下降(主要指承压力),这在一定程度上可能会使极少量的地表水补给地下水。同时,矿井水的排放给该地区地表水造成了相当程度的污染,使得地表水水质进一步恶化。

### 5.1.3.2 人为工程对湿地的影响分析

区内有部分区域由于人工沟渠或道路的隔断,使雨水及地表径流流出,而不进入湿地内,一是东西向排洪沟,把来自舜耕山上的地表径流引至洞山公路边,进入城市雨水收集管网;二是位于修复区西部和西北部园林矿井以北的部分区域,由于道路的隔断,使该区雨水及地表径流外流,汇入城市雨水收集管网;三是位于东部长青煤矿以北区域,该区域中有一人工取土坑,由于地势原因,汇集了东北方向一片区域的雨水及地表径流,又因长青煤井抽排地下水汇入其中,而造成水面抬升,水流上溯,故沿北部的人工水沟倒流进入洞山公路旁的城市雨水收集管网。

### 5.1.3.3 化工垃圾及生活垃圾对湿地的影响分析

化工垃圾及生活垃圾给湿地内的地表水体造成了相当程度的污染,使得湿地内的地表水体水质变差,生态环境恶化。

## 5.2 大通湿地水循环模型构建

以大通修复区湿地水循环过程为基础,深入分析水循环特征要素,选取典型的湿地水文状态指标,建立湿地水循环模型,模拟湿地水文状态指标对地表径流来水量变化的响应关系。

### 5.2.1 水循环基本过程

湿地南部毗邻舜耕山脉北坡,是由煤炭开采所引起的地表沉陷逐渐演变和发展所形成的一类封闭型湿地。区内低山丘陵、山前斜地和沉陷洼地相间的地理环境形成了独具特色的水循环系统,如图5-5所示,使水资源在水循环中形成、运移、转化和消耗。该湿地水循环具有如下特征。

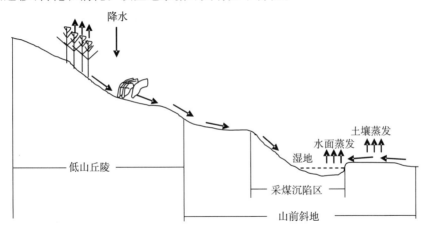

图 5-5 湿地水循环过程

（1）湿地的来水主要来自大气降水和集水区内的地表径流。该研究区整体地形处于舜耕山的半包围之中,地势南高北低,因而造成舜耕山北坡甚至部分山脊线上的降雨产生的汇水,基本都以径流的方式流入并汇集到湿地中。湿地北侧部分因降雨而产生的汇水,通过明沟和自然斜坡径流汇集到湿地内。

（2）湿地的出水量主要包括蒸散发量、地表径流流出量、人工取水和渗透地下水量,其中,以蒸散发量为主。由于湿地的地形呈现东高西低的特点,且湿地的东北侧由于砖厂制砖大量取土,故形成了一个规模较大的取土坑,使得湿地的水源经明沟流入取土坑内。

（3）地表水与地下水转化极弱。通过对湿地下钻探并取样显示,下垫土厚度为 0.5～0.8m,下垫土以下分布着第四系地层,厚度为 15～21m,其成分主要为粉质黏土,空间分布上较为均匀。渗透试验结果显示,第四系粉质黏土层渗透系数介于 4.55×10⁻⁶ cm/s 和 4.29×10⁻⁷ cm/s 之间,根据《水利水电工程地质勘察规范》(GB50487－2008)中关于岩土体渗透分级的规定,为微—极微透水性土层,透水性差。

### 5.2.2 水文状态指标的选取

湿地水文一般是指湿地的流入与流出及其与湿地其他环境如湿地几何形态、湿地植被等的相互作用。湿地水文特征(湿地水文周期)是湿地的流入量、流出量、地形、地貌、地质、地层条件对湿地水文过程,如湿地降雨量、蒸散发量、流入流出量、地表径流、地下水、潮流、洪水和河水等综合影响和作用的结果。湿地水文状态是湿地各水文特征在某一时期的表征,状态指标主要包括湿地水深、水面面积、蓄水量、地下水位等。

不同类型湿地的水文状态指标的选取可能不同,但是湿地水文状态各指标之间又有着密切的联系。一般来说,湿地水面面积越大,湿地水就越深,蓄水量就越大,地下水水位也就越高。这里以湿地水面面积和蓄水量作为大通湿地的水文状态指标。湿地内植被以芦苇为主,芦苇的生长环境需要适当的水面面积和水深。因此,选取湿地水面面积和蓄水量作为本湿地典型的水文状态指标,研究湿地水文状态指标对湿地地表径流入水量变化的响应关系。

### 5.2.3 水循环模型构建

考虑到本次研究的一个重要目标是湿地水面面积、蓄水量与湿地入流量之间的响应关系,下面以大通采煤沉陷区封闭型湿地独有的水量平衡方程为基础,探讨湿地水面面积与湿地入流量之间的关系式。

#### 5.2.3.1 水量平衡方程的建立

基于上述湿地的水循环过程分析和所选取的湿地水文状态指标,得到如下的大通采煤沉陷区湿地的水量平衡方程:

$$\Delta V/\Delta t = Q + AP - AE - q$$

式中,$\Delta V/\Delta t$ 为 $\Delta t$ 时间内湿地的蓄水量变化量 $\Delta V$;$Q$ 为入流量(包括大气降水和地表径流);$A$ 为湿地水面面积,包括 2 部分,一部分是明水面,这部分水面的水深较深,另一部分是明水面边缘区的水面,这部分水面的水深较浅,往往被芦苇覆盖;$P$ 为降雨量;$E$ 为蒸散发量;$q$ 为出流量。

### 5.2.3.2　水循环模型构建及各参数分析

由上述公式可以得出湿地水面面积与湿地入流量的关系方程,从而建立湿地水循环模型:

$$A = f(Q) = (\Delta V - Q + q)/(P - E)$$

(1)地表径流入流量。大气降水地表径流量的计算,从国内目前应用的理论来看,只有利用暴雨情况下的径流量计算公式,但这种计算方法的误差很大。

对降雨引起的地表径流量计算来自于渗透雨水量的估算,Horton 法、Geen-Ampt 法和曲线数值法都是在工程中用到的计算雨水渗透量的方法。Geen-Ampt 是计算单场降雨径流量较为准确的方法,然而它与 Horton 法模型中均没有限制渗透量,因此,不能代表空间位置参数变动时的结果。曲线数值模型则是表示降雨与径流关系的最佳模型,曲线数值法更是得到了美国土木工程协会和美国农业部的大力推荐,用于计算雨水径流量。

NRCS 曲线数值模型原来是为计算小的农田分水岭的雨水径流量而开发设计的,在应用中形成了 SCS(Soil Conservation Sector)法。SCS 法在用于这种小流域雨水径流量计算时,汇水介质都是可透水的,而道路和屋面等为不透水汇流介质,因此,在应用 SCS 法时提出了曲线数值 $CN$,该数据对透水和不透水介质都有对应的值,以计算多汇流介质集水区域的雨水径流量。大通生态修复区地形高差大,地貌多样,天然地形成了不同特征的汇水介质,与平原丘陵地区不同,单纯利用径流系数计算径流量必然导致很大差异,SCS 法则为较精确地计算雨水径流量提供了思路。

SCS 法将降雨量 $P$ 分为 3 部分:雨水径流量 $H$、初始损失 $I_a$ 和截流量 $F$。该方法的核心思想是,在降雨开始后,地下蓄水渐渐增加,直到变为饱和状态为止,这时,净降雨强度变得与降雨强度相等。

按 SCS 法计算时,随着蓄水逐渐达到饱和,降雨下渗的比例越来越小,降雨的径流比例也不断增加。Mocus 提出,土壤中蓄有水量 $F$ 占土壤饱和蓄水能力 $S$ 的比重应等于雨水径流量 $H$ 与降雨量 $P$ 之比,即:

$$\frac{F}{S} = \frac{H}{P - I_a}$$

按照 SCS 法对降雨的划分,有

$$F = P - H - I_a$$

则有

$$H = \frac{(P - I_a)^2}{(P - I_a) + S} \quad (P \geqslant I_a)$$

经验数据表明,初损 $I_a$ 与饱和蓄水量 $S$ 直接相关,存在以下关系式:

$$I_a = 0.2S$$

对于系数 0.2,可能适合于农村地区暴雨情况,但是对中、小暴雨和城市地区来说就太高了。当前,许多集水区域的饱和蓄水量在上式基础上已经确定了。

可以得到

$$H = \frac{(P - 0.2S)^2}{P + 0.8S} \quad (P > I_a)$$

为了获得不同地表覆盖状况下的 $S$,引入曲线数值 $CN$,它是一个衡量某种土壤覆盖的渗透能力的一个指标。$CN$ 与 $S$ 的关系如下:

$$CN = \frac{25400}{S + 254}$$

根据土壤前期湿度条件的不同,曲线数值 $CN$ 又分为 $CN\mathrm{I}$、$CN\mathrm{II}$ 和 $CN\mathrm{III}$,这 3 个 $CN$ 对应的是 3 种前期径流条件(ARC),即 ARC I、ARC II 和 ARC III。

与之相比,$CN\mathrm{I}$ 代表是一种很干,但还不到枯点的土壤的 $CN$,$CN\mathrm{III}$ 代表的是前期湿度比正常状态更大的土壤的 $CN$。它们的关系可用下式表示:

$$CN\mathrm{I} = \frac{4.2CN\mathrm{II}}{10 - 0.058CN\mathrm{II}}$$

$$CN\mathrm{III} = \frac{23CN\mathrm{II}}{10 + 0.13CN\mathrm{II}}$$

对 $CN$ 的估计是建立在前期湿度状况(AMC)、水文学土壤分类和土地使用基础上的。土壤的水文学分类是基于其外在特征的,包括土壤的深度、机理、有机物组成和饱和后的膨胀状态。

淮南市大通研究区的山地属暖温带半湿润大陆性季风气候区,特殊的气候条件使山地土壤在形成过程中,土壤母质化学风化非常强烈,原生矿物不断被分解,形成大量的黏土,土壤渗透速率为 2.0~3.3mm/h,属于 C 型。此外,由于淮南市降水适中,大气湿度一般,径流曲线数值取 $CN\mathrm{II}$。

集水区域上的雨水径流量用方程表示如下：

$$H = f(P)A$$

式中，$H$ 为集水区域上的径流量，$P$ 为降雨量，$A$ 为集水区面积。

考虑降雨量 $P$ 与初始损失 $I_a$ 关系的 2 种情况：

①当 $P > I_a$ 时，降雨除渗透进入地下外，还形成了径流；

②当 $P \leqslant I_a$ 时，降雨全部渗透进入地下，没有形成径流。则 $f$ 可以表示为

$$f = \begin{cases} 0 & P \leqslant 0.2S \\ \dfrac{(P-0.2S)^2}{P+0.8S} & P > 0.2S \end{cases}$$

式中，$S$ 是集水区域上的土壤饱和蓄水量。

（2）降雨量。本次研究中降雨量数据采用 1952—2000 年的统计值，并用曲线拟合方法获得降雨量 $P$ 与时间 $t$ 的函数关系。

（3）蒸散发量。本次研究中蒸散发量数据采用 1952—2000 年的平均值。

（4）蓄水量年际变化量。本次研究中蓄水量年际变化量取 2008—2012 年的年际变化量的平均值，根据这 5 年的湿地水面面积、DEM 高程，利用 ArcGIS 的 3D 分析工具计算求出。

（5）出水量。本次出水量主要包括人工取水量和流入到取土坑的水量。由于这部分数据难以准确获取，所以主要采用经验估算值。

### 5.2.3.3 模型参数标定与检验

对该湿地上游地表径流集水量和降雨量进行参数标定，标定原则为：相对误差 $RE$ 尽可能小；Nash 效率系数 $R^2$ 尽可能大；相关系数 $r^2$ 尽可能大。

（1）地表径流集水量参数标定。利用径流系数法，计算出 2003—2012 年地表径流集水量，计算结果见表 5-2。

表 5-2　2003—2012 年地表径流集水量

| 年份 | 径流系数 | 径流量($m^3$) | 年份 | 径流系数 | 径流量($m^3$) |
|---|---|---|---|---|---|
| 2003 | 0.3 | 52313.46 | 2008 | 0.25 | 39577.28 |
| 2004 | 0.2 | 22607.66 | 2009 | 0.25 | 38215.08 |
| 2005 | 0.3 | 51642.96 | 2010 | 0.2 | 28826.48 |
| 2006 | 0.3 | 51907.25 | 2011 | 0.2 | 25025.37 |
| 2007 | 0.3 | 54476.67 | 2012 | 0.2 | 25929.15 |

利用表 5-2 中的数据，采用多项式拟合曲线，拟合结果如图 5-6 所示。

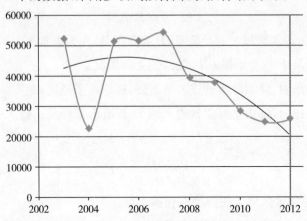

图 5-6　2003－2012 年地表径流汇水量拟合曲线

从而得到淮南大通湿地 2003－2012 年年降雨量曲线拟合方程：

$$y = -614.8x^2 + 2E + 06x - 2E + 09 \ , R^2 = 0.446$$

式中，$x(x = 2003, 2004, \cdots, 2012)$ 为年份，$y$ 为年径流量。

从上面的拟合结果可以发现，以 2003－2012 年共 10 年的年径流量进行曲线拟合，计算出的 Nash 效率系数 $R_2$ 为 0.446，相关性较差。如果直接用于计算大通采煤沉陷区径流量，则误差较大。其原因主要是 2003 年大通湿地遭遇洪涝，而洪涝后的次年又遇大旱。这里以 2003－2005 年地表径流量进行二次曲线拟合，再以 2006－2012 年地表径流量进行二次曲线拟合，拟合结果如图 5-7所示。

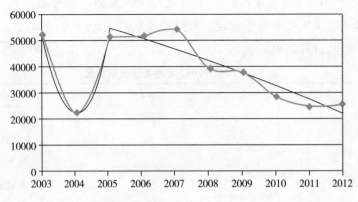

图 5-7　2003－2005 年和 2006－2012 年地表径流汇水量拟合曲线

2003—2005 年地表径流汇水量曲线的拟合方程为：

$$y = 29371x^2 - 1E + 08x + 1E + 11, R^2 = 1$$

式中，$x(x = 2003, 2004, \cdots, 2012)$ 为年份，$y$ 为年径流量。

2006—2012 年地表径流汇水量曲线的拟合方程为：

$$y = -112.7x^2 + 44804x - 4E + 08, R^2 = 0.889$$

式中，$x(x = 2003, 2004, \cdots, 2012)$ 为年份，$y$ 为年径流量。

拟合的 Nash 系数 $R_2$ 达到要求，拟合效果较好。

(2)降雨量参数标定。以 2003—2012 年年降雨量进行参数标定，2003—2012 年年降雨量数据见表 5-3。

表 5-3　2003—2012 年年降雨量

| 年份 | 年降雨量（mm） | 年份 | 年降雨量（mm） |
|------|----------------|------|----------------|
| 2003 | 1068.9 | 2008 | 970.4 |
| 2004 | 692.9 | 2009 | 937 |
| 2005 | 1055.2 | 2010 | 883.5 |
| 2006 | 1060.6 | 2011 | 767 |
| 2007 | 1113.1 | 2012 | 794.7 |

利用多项式拟合，对淮南市 2003—2012 年年降雨量数据进行拟合分析，得到的拟合结果如图 5-8 所示。

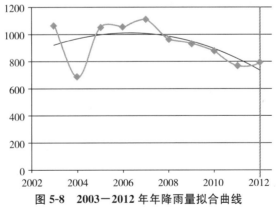

图 5-8　2003—2012 年年降雨量拟合曲线

得到的降雨量拟合方程为：

$$y = -8.197x^2 + 32892x - 3E + 07, R^2 = 0.362$$

拟合得到的 Nash 系数 $R^2$ 相对较低，拟合效果较差，主要是由 2004 年淮南市遭受大旱引起的。总体上可以看出，这 10 年间，淮南市降雨量具有较为明显的年际变化特点，表现为降雨有减少的趋势。

针对上述拟合效果较差的状况，这里采用分段拟合，对 2003－2005 年降雨量采用二次拟合，再对 2005－2012 年降雨量采用二次拟合，得到的拟合曲线如图 5-9 所示。

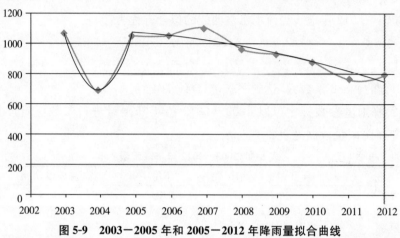

**图 5-9　2003－2005 年和 2005－2012 年降雨量拟合曲线**

2003－2005 年和 2005－2012 年降雨量拟合的曲线方程分别为：

$$y = 369.15x^2 - 1E + 06x + 1E + 09$$

式中，$x(x = 2003,2004,2005)$ 为年份，$y$ 为年降雨量。

$$y = -4.46x^2 + 17883x - 2E + 07$$

式中，$x(x = 2006,2007,\cdots,2012)$ 为年份，$y$ 为年降雨量。

从分段拟合的结果可以看出，Nash 系数 $R^2$ 达到要求，拟合效果较好。

考虑到降雨的季节性特点，下面对多年来的月降雨量再进行拟合分析，得到一年内的 12 个月降雨量拟合结果，如图 5-10 所示。

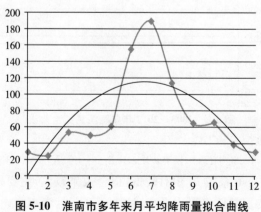

**图 5-10　淮南市多年来月平均降雨量拟合曲线**

得到淮南市多年来全年各月降雨量拟合方程为：

$$y = -3.52x^2 + 47.42x - 44.52, R^2 = 0.555$$

式中，$x(x_1, x_2, \cdots, x_{12})$ 为月份，$y$ 为月平均降雨量。

结果表明，Nash 系数 $R^2$ 相对较低，拟合效果较差。

考虑到淮南市全年各月降雨量分布极不均匀，有明显的波峰，7 月份降雨量最多，12 月份降雨量最少。以 1～7 月份进行二次曲线拟合，以 7～12 月份再进行二次曲线拟合，拟合结果如图 5-11 所示。

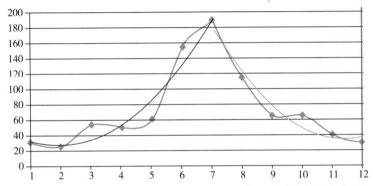

**图 5-11　淮南市多年来 1～7 月份和 7～12 月份平均降雨量拟合曲线**

得到的 1～7 月份和 7～12 月份平均降雨量拟合方程分别为：

$$y = 6.631x^2 - 26.36x + 53.42, R^2 = 0.936$$

式中，$x(x_1, x_2, \cdots, x_7)$ 为月份，$y$ 为月平均降雨量。

$$y = 7.589x^2 - 173.4x + 1025, R^2 = 0.965$$

式中，$x(x_7, x_8, \cdots, x_{12})$ 为月份，$y$ 为月平均降雨量。

从上面的拟合结果可以发现，拟合的 Nash 系数 $R^2$ 达到要求，相关性好，拟合效果较好。

（3）湿地蓄水量年际变化参数标定。利用 2010－2012 年湿地水面面积和 DEM 数据，利用 GIS 的 3D 分析工具，可以求出这 3 年内湿地的蓄水量年际变化量 $\Delta V$，结果见表 5-4。

**表 5-4　大通采煤沉陷区湿地 2010－2012 年蓄水量年际变化**

| 年份 | 2010 | 2011 | 2012 |
|---|---|---|---|
| $\Delta V$（m³） | －598.3 | －637.5 | －542.8 |
| $\Delta V$ 均值（m³） | \multicolumn{3}{c}{－592.9} | | |

可以得到这 5 年内湿地蓄水量年际变化量 $\Delta V$ 的均值 $\Delta \overline{V}$ 为 －592.9m³。

#### 5.2.3.4 水面面积与蓄水量的检验

湿地水面面积是水循环模型中一个重要的水循环要素,因此,对湿地水面面积进行检验,以验证水循环模型的合理性。湿地水面面积与湿地入流量关系即湿地水循环模型为:

$$A = f(Q) = (\Delta V - Q + q)/(P - E)$$

将各参数代入湿地水循环模型方程,计算出 2013 年湿地水面面积 $A = 17467\text{m}^2$,通过实地观测得到相对的湿地水面面积 $A_0 = 17154\text{m}^2$。

从模拟与观测结果来看,湿地水面面积计算值与观测值吻合较好,一方面说明搜集的资料和各参数取值较准确,水循环模型模拟效果较好;另一方面是因为受资料所限,水循环模型参数标定中蓄水量年际变化量 $\Delta V$ 是根据水量平衡方程确定的,无形中提高了水面面积计算值的精确度。

#### 5.2.3.5 蓄水量对降雨及地表径流量变化的响应关系

大通采煤沉陷区湿地的主要特征是地表长期或周期性地有水存在,湿地地表水特性(如水深、水面面积等)是支撑湿地生态系统及其功能效益正常发挥的关键,湿地的生态系统随着地表水的丰枯变化而发生波动甚至演替。在丰水季节,因降水和地表入流的补给远大于蒸散发与出流的损失,故地表水量增加,湿地的水面面积增大,湿地的生境得到扩展,湿地生态系统与陆地生态系统的营养物质交换增加,有利于湿地生态功能效益的发挥。在枯水季节,由于蒸散发强烈,降雨和地表径流减少,故地表水量减少,水面面积萎缩。

地表水的丰枯变化规律很大程度上取决于其水源的稳定性。水源主要包括大气降水和地表径流。由于人类活动和湿地周边上资源的开发,湿地的自然丰枯规律可能产生变化,故湿地的入流量减少,地下水水位下降。在湿地水量不断减少的过程中,生物生境逐渐恶化,生态系统的生物完整性遭到破坏。

(1)来水频率的选取。湿地生态系统较适应于高频率的洪水,而特大洪水或特大干旱对湿地生态系统来说往往意味着破坏,因此,最佳的湿地水文状态是去除特大洪水年和特大干旱年之后的近自然状态。这里考虑 25%、50%、75%自然来水频率下的上游来水径流量。由于大通采煤沉陷区湿地的地表径流量取决于降雨量,所以在此采用降雨量替代,然后通过径流系数法将降雨量转换为径流量。考虑到湿地往往具有多年调节特性,因此,在选取各频率典型年时,尽量选取连续的系列。

根据淮南站 58 年(1952—2011 年,其中,缺失 2006—2007 年)的降水量资料计算其经验(累积)频率,见表 5-5。

表 5-5　经验频率

| 序号 | 年降水量 (mm) | 经验频率 (%) | 序号 | 年降水量 (mm) | 经验频率 (%) | 序号 | 年降水量 (mm) | 经验频率 (%) |
|---|---|---|---|---|---|---|---|---|
| 1 | 1522.6 | 1.7 | 21 | 1011.4 | 35.6 | 41 | 785.2 | 69.5 |
| 2 | 1460.8 | 3.4 | 22 | 997.1 | 37.3 | 42 | 780.1 | 71.2 |
| 3 | 1393.3 | 5.1 | 23 | 965 | 39.0 | 43 | 748.7 | 72.9 |
| 4 | 1376.1 | 6.8 | 24 | 960.8 | 40.7 | 44 | 748.4 | 74.6 |
| 5 | 1222.6 | 8.5 | 25 | 951 | 42.4 | 45 | 742.7 | 76.3 |
| 6 | 1153.6 | 10.2 | 26 | 938.8 | 44.1 | 46 | 736.5 | 78.0 |
| 7 | 1105.6 | 11.9 | 27 | 937.2 | 45.8 | 47 | 733 | 79.7 |
| 8 | 1097.9 | 13.6 | 28 | 934.1 | 47.5 | 48 | 723.2 | 81.4 |
| 9 | 1085.2 | 15.3 | 29 | 927.2 | 49.2 | 49 | 717.3 | 83.1 |
| 10 | 1083.9 | 16.9 | 30 | 925.4 | 50.8 | 50 | 716.4 | 84.7 |
| 11 | 1062.8 | 18.6 | 31 | 921.4 | 52.5 | 51 | 709.7 | 86.4 |
| 12 | 1056 | 20.3 | 32 | 878 | 54.2 | 52 | 707.8 | 88.1 |
| 13 | 1055.2 | 22.0 | 33 | 874.9 | 55.9 | 53 | 681.9 | 89.8 |
| 14 | 1054.4 | 23.7 | 34 | 850.8 | 57.6 | 54 | 669.7 | 91.5 |
| 15 | 1052.8 | 25.4 | 35 | 847.8 | 59.3 | 55 | 633.8 | 93.2 |
| 16 | 1040.9 | 27.1 | 36 | 838.4 | 61.0 | 56 | 591.4 | 94.9 |
| 17 | 1027.3 | 28.8 | 37 | 829.6 | 62.7 | 57 | 535.4 | 96.6 |
| 18 | 1024 | 30.5 | 38 | 824.1 | 64.4 | 58 | 450.3 | 98.3 |
| 19 | 1023.2 | 32.2 | 39 | 812.7 | 66.1 | | | |
| 20 | 1021.1 | 33.9 | 40 | 803.8 | 67.8 | | | |

据国内研究成果发现,由于 P-Ⅲ型分布适应性较强,故就我国情况而言,可以用 P-Ⅲ分布配合各种水文变量。假定总体服从 P-Ⅲ型分布,经过适线得到降水频率分布曲线图,如图 5-12 所示。适线选用的统计参数 $E_x = 919.36$, $C_v = 0.25$, $C_s = 0.67$。从适线图可确定丰水年、平水年和枯水年,相应于概率 $P_1 = 25\%$、$P_2 = 50\%$、$P_3 = 75\%$ 水平年的年降水量分别为 1057.35mm、893.87mm、753.66mm。

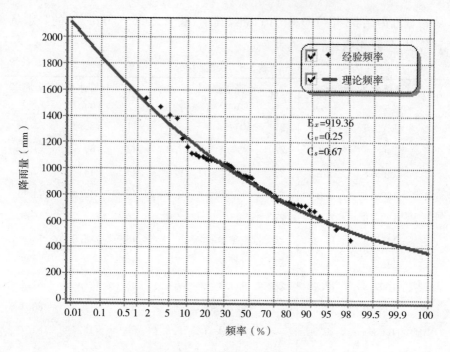

图 5-12  淮南降雨量频率曲线

不同频率来水量见表 5-6。

表 5-6  湿地不同频率来水量(径流量)

| 频率 | 25 | 50 | 75 |
|------|------|------|------|
| 径流量(m³) | 51748 | 43747 | 36885 |

（2）湿地水面面积对径流量变化的响应关系。由水循环模型计算不同来水频率下的水面面积，计算结果见表 5-7。

表 5-7  湿地不同频率来水量(水面面积)

| 频率 | 25 | 50 | 75 |
|------|------|------|------|
| 水面面积(m²) | 22795 | 20747 | 18876 |

## 5.3  大通湿地水系修复对策与措施

大通湿地属大通煤矿采煤沉陷作用下形成的一种封闭型湿地，在对其自然水循环要素特性进行深入分析与研究的基础上，我们认为其水循环要素主要包括地表径流来水量、地表径流出水量、降雨量、蒸散发量、地表水补给地下水量、人工取水量等。

### 5.3.1　湿地蓄水量少的原因分析

通过对大通湿地水循环要素特性和水文地质条件进行综合分析,我们认为造成湿地内蓄水量少的原因主要有:

(1)湿地的来水量主要来源于南部和西部由大气降水所形成的地表径流量。来水频率 $P=20\%$,年降雨量约为 1050mm,湿地内的水量近似处于平衡状态。

(2)通过对湿地下钻探并取样表明,下垫土厚度为 0.5~0.8m,下垫土以下分布着第四系地层,厚度为 15~21m,其成分主要为粉质黏土,空间分布上较为均匀。渗透试验结果显示,第四系粉质黏土层渗透系数介于 $4.55 \times 10^{-6}$ cm/s 和 $4.29 \times 10^{-7}$ cm/s 之间,属为微—极微透水性土层,透水性差。因此,湿地内水体与地下水间无明显的水力联系和补给关系。

(3)研究区整体地形处于舜耕山的半包围之中,地势南高北低,西高东低,因此,造成舜耕山北坡甚至是部分山脊线上的降雨产生的汇水基本都以径流的方式流入湿地内,但是存在部分区域由于人工沟渠或道路的隔断而使雨水及地表径流修复区外流,未进入湿地内。一是东西向排洪沟,把来自舜耕山上的地表径流引至洞山公路边,进入城市雨水收集管网;二是位于修复区西部和西北部园林矿井以北的部分区域,由于道路的隔断,使该区雨水及地表径流往外流,最终汇入城市雨水收集管网;三是位于东北角长青煤矿以北区域,该区域中有一个人工开挖的水塘,由于地势原因,收纳了水塘东北方向一片区域的雨水及地表径流,故沿北部的人工水沟倒流进入洞山公路旁的城市雨水收集管网。

(4)由于研究区地势西南高,东北低,在湿地的东北部存在一个范围较大的取土坑,与湿地形成了一个落差较大的阶地,又因人为原因,在湿地的东北角形成了一个从湿地流向取土坑的明渠,故使得湿地内的水体流出到取土坑中。

### 5.3.2　水系修复对策与措施

通过上述原因分析,我们认为可从以下几方面改善大通湿地水文状态,从而达到改善湿地生态状态的目的。

(1)由于湿地的来水量主要来源于舜耕山北坡甚至部分山脊线上的降雨产生的径流集水量和西部坡地降雨产生的径流集水量,因此,在汇流面积难以增加的情况下,应尽可能地改善径流条件,使得由降雨产生的地表径流能够全部汇集到湿地内。

(2)大通湿地的降雨分布具有明显的季节性特征,降雨主要集中在6~8月,约占全年降雨量的50%,因此,湿地的水面面积和蓄水量呈现季节性特征,丰水季节时,水面面积向西扩大;枯水季节时,水面面积向东缩小。同时,湿地的水面面积和蓄水量具有年际变化特征,在丰水年,湿地的水面面积扩大,蓄水量增加;在枯水年,湿地的水面面积缩小,蓄水量减少。近几年由于降雨量偏小,湿地的水面面积有逐年减少的趋势,湿地内的生物生境逐渐恶化。因此,为维护湿地生态系统,使其功能效益得到发挥,最为有效的办法是采用人工补水法,具体补水量建议以湿地水面面积不低于20747m³为标准,补水时机建议选择在枯水季节,即每年的9~10月。

(3)舜耕山北坡由于人工采石工业带来的负面响应,自然植被受到破坏,大量的基岩裸露,严重破坏了自然径流状态,使得有相当数量的降水向东北方向径流出湿地,最终进入城市雨水收集管网,故建议沿舜耕山北坡的公路下方修建引水沟,将雨水引入湿地内。

(4)湿地内的地形西高东低,原西部和西南部的雨水本可以汇流到湿地内,但由于道路的隔断,使该区雨水及地表径流不再流入湿地,而是最终汇入城市雨水收集管网,故严重破坏了湿地的自然径流条件。从现阶段来看,难以采取较为有效的补救措施。

(5)湿地的东北部有一个范围较大的取土坑,且与湿地形成了一个落差较大的阶地,使得湿地内的水体流出到取土坑中。为此,需要加固和加高堤坝,建议堤坝材料采用渗透性极低的黏性土质,加固高度以在现有基础上增加0.5~0.8m为宜。

## 5.4  小结

针对大通湿地的特点,通过对湿地水循环基本过程、水文地质条件以及自然水循环要素的综合分析,构建大通湿地水循环模型。结合多年降雨量、蒸散发量数据和湿地水面面积观测数据,对模型的各个参数进行了标定和检验。利用构建的水循环模型,对大通湿地的自然水文特性进行了模拟。最后分析了造成湿地内水面面积小与蓄水量少的主要原因,提出了改善湿地水文状态和生态状态的对策。

# 第 6 章
# 泉大资源枯竭矿区生态修复

　　矿业废弃地是指矿业开采过程中形成的非经治理不能利用的土地（Gemmel R P，1987）。煤炭资源的开采、加工不可避免地形成一定面积的矿业废弃地。煤炭开采、加工过程所形成的矿业废弃地主要包括采煤沉陷区、煤矸石堆积区以及受加工过程中废水和废渣影响（或污染）而退化的土地区域，对于露天开采而言，还会形成大面积的剥离土堆积区。对于多煤层开采、高潜水位的两淮地区的煤炭开采而言，大面积的采煤沉陷区以及煤矸石堆积区是主要的矿业废弃地类型。这些矿业废弃地占用了大量的土地资源，破坏了原有生态系统，形成丑陋的景观，引起水土流失等（张发旺等，2001），同时，来自于矿业废弃物堆的粉尘、废气、废水还会导致周围区域的大气和水体污染（张发旺等，2007）。土地资源和原有生态系统的破坏以及环境污染，不仅会影响区域的社会经济发展，加剧矿农矛盾，也会对周围人民群众的健康造成一定的危害（王福琴，2010）。

　　我国作为一个人多地少、土地资源紧张的国家，对于采煤沉陷区的治理一直十分重视，迄今已经获得多种采煤沉陷区利用模式，如采矿沉陷区矸石回填建村模式、煤矸石填充复垦模式、挖塘造田模式、粉煤灰填充复垦模式、植树造林模式、水产养殖模式、生态公园模式等(宝力特等,2006;吴言忠,2007;常西坤等,2008)。这些模式在不同的采煤沉陷区均被成功地实施过。

淮南是我国一个重要的煤炭资源型城市,地处该市东部区域的九龙岗煤矿、大通煤矿开采历史悠久,但其煤炭资源现已枯竭,早先开采留下了大量的煤矿废弃地(沉陷区、煤矸石堆积场等)。随着区域经济发展及市民对生态环境质量要求的提高,这些基于采煤矿业废弃地的区域目前逐渐被建成公园。在改善区域生态环境质量的同时,矿业废弃地的生态修复也为市民的休闲、娱乐提供了良好的场所。

## 6.1 大通煤矿采煤沉陷区的基本概况与生态修复规划

### 6.1.1 沉陷区的基本概况

大通采煤沉陷区地处淮南市大通区,地理坐标为:东经 $117°01'38.7''\sim117°03'46.9''$,北纬 $32°36'40.5''\sim32°37'42.1''$。历经 67 年的开采,大通煤矿采空区地面纷纷塌陷,形成 5 个积水坑(表 6-1),毁坏 5000 多亩良田,加上煤矸石堆等固体废弃物,整个区域形成总面积达 356.5hm² 的采煤矿业废弃地(表 6-2)。

沉陷区主要有山前斜地和岗坡地 2 种地貌类型,地面高程为 20～60m。区域内主要景观单元包括池塘、沟渠、荒坡、工厂、建筑物、林地、农田、化工垃圾等,不同景观单元相互掺杂,景观破碎而无序。微地形方面表现为:垃圾堆东北至池塘区域为低洼地,垃圾堆处地势较高,东侧为旱作农田,其余区域主要为山坡地或荒坡地。区内坑洼交错,水面大小及水位升降随季节而变化,水源补给主要源于降雨形成的地表径流以及周边的工业和生活污水。因受生产活动及来自垃圾堆污染物的影响,故区域内水沟及池塘中的水质较差,同时,区域内土壤污染也较为严重。

沉陷区地处暖温带半湿润大陆性季风气候区,其气候基本特征为:春暖、夏热、秋凉、冬冷,四季分明,气候温和,光照充足,热量丰沛,雨量适中,无霜期长,季风显著。历年平均气温为 16.3℃,年平均降水量为 939.3mm,年内 5～9 月份为雨季,其中,6～8 月份为汛期。常年主导风向为东风,夏季主导风向为东南风,冬季主导风向为东北风;年平均风速为 2.7m/s。

**表 6-1　大通采煤沉陷区塌陷坑一览表**

| 编号 | 面积（m²） | 积水面积（m²） | 形态特征及其危害 |
|---|---|---|---|
| T1 | 31700 | 14954 | 平面近似三角形,东西向长约为550m,西部最宽约为200m。有2个积水塘,最大塌陷深度约为10m。损毁土地,破坏地形地貌景观。 |
| T2 | 83408 | 24108 | 平面呈不规则矩形,南北长约为750m,东西宽为150～250m。南部积水,水深约为2m,塌陷最大深度约为20m。损毁土地,恶化生态环境。 |
| T3 | 140432 | 38190 | 平面近似"Z"形,长轴东西向偏南,长约为850m,宽为100～200m,有数个积水塘,水深为1～2m,最大塌陷深度约为10m。损毁土地,恶化生态环境。 |
| T4 | 62341 | 18495 | 平面形状不规则,南北长约为400m。积水,水深小于2m。损毁土地,破坏地形地貌景观。 |
| T5 | 59497 | 9216 | 平面近似矩形,长轴东南向,长为300m,南北宽平均为200m。有数个积水塘,水深为2～3m。最大塌陷深度为10m。 |
| 合计 | 377378 | 94955 | |

注:引自《安徽省淮南市大通采煤塌陷区矿山地质环境综合治理项目可行性研究报告》(安徽省地质环境监测总站)。

沉陷区北依淮南市大通区的建成区,南靠舜耕山风景区,东接九龙岗镇,西临淮南矿务局疗养院、淮南市疾控中心、大通林场及新能源液化气站等企事业单位。沉陷区周边人口总数约为6万,其中,塌陷区内总居住人口有2500余户,近1万人。

**表 6-2　大通采煤塌陷区拐点坐标**

| 编号 | X | Y | 编号 | X | Y |
|---|---|---|---|---|---|
| J1 | 3611457 | 39502589 | J10 | 3609734 | 39505132 |
| J2 | 3611481 | 39502624 | J11 | 3609842 | 39504979 |
| J3 | 3611552 | 39503185 | J12 | 3610070 | 39504653 |
| J4 | 3611513 | 39504257 | J13 | 3610426 | 39504180 |
| J5 | 3611601 | 39504829 | J14 | 3610584 | 39503729 |
| J6 | 3611397 | 39505749 | J15 | 3610778 | 39503170 |
| J7 | 3611337 | 39505833 | J16 | 3610852 | 39503009 |
| J8 | 3611230 | 39505909 | J17 | 3611130 | 39502782 |
| J9 | 3609708 | 39505340 | J18 | 3611388 | 39502602 |

注:引自《安徽省淮南市大通采煤塌陷区矿山地质环境综合治理项目可行性研究报告》(安徽省地质环境监测总站)。

### 6.1.2 沉陷区生态修复规划

采煤沉陷不仅造成了地形地貌景观的改变、生态环境的破坏,而且对当地的社会、经济也产生了巨大的负面影响(张锦瑞等,2007)。为改善采煤沉陷区环境,提高土地利用率,美化区域景观,2006 年 6 月,国家发改委将九大采煤沉陷区生态环境恢复治理列为全国循环经济试点企业支撑性项目。2007 年,淮南矿业(集团)有限责任公司对整个泉大资源枯竭矿区生态恢复作出总体规划。在规划过程中,为使泉大资源枯竭矿区生态环境得到更好的恢复,土地得到更为合理、有效的利用,按照退化生态系统恢复与重建的基本程序和要求(图 6-1),在对整个待修复区域进行勘测调查与分析后,经过反复论证与修改,确定了泉大资源枯竭矿区生态修复总体规划。

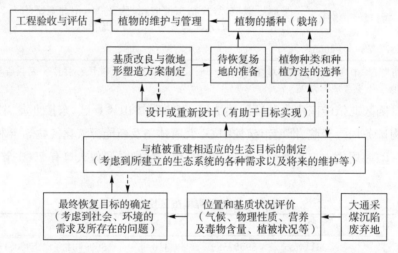

图 6-1　大通采煤沉陷区生态恢复实施程序

在总体规划中,基于大通煤矿采煤沉陷区周围区域的地质状况、社会经济、周围景观、污染状况以及微地形变化等条件,结合淮南市土地利用总体规划和社会发展规划等方面的要求,确定了该区域生态恢复的目标为:将该区域建成为一处以休闲、游憩为主要目的,集人工湿地、林地、草地于一体的湿地公园。

在规划编制过程中,始终遵循生态修复过程中的自然原则、社会经济技术原则和美学原则。在坚持自然原则方面表现为,生态修复区植物种类主要选用适应本地自然生态条件的草本植物,如芦竹(*Arundo donax*)、芦苇(*Phragmites australis*)、香蒲(*Typha orientalis*)、狗牙根(*Cynodon dactylon*)、结缕草

（*Zoysia japonica*），以及木本植物，如杉木（*Cunninghamia lanceolata*）、刺槐（*Robinia pseudoacacia*）、女贞（*Ligustrum lucidum*）、枫杨（*Pterocarya stenoptera*）、小叶女贞（*Ligustrum quihoui*）。为增加湿地公园的美感，还选用了适应于本地生态条件的、外观优美或耐修剪的园林景观灌木，如海桐（*Pittosporum tobira*）、夹竹桃（*Nerium indicum*）和石楠（*Photinia×fraseri*），以及草本植物，如白车轴草（*Trifolium repens*）、马尼拉草（*Zoysia matrella*）、高杆羊茅（*Festuca elata*）等。在增加生物多样性的同时，注重植物群落的空间异质性。在坚持社会经济技术原则方面，结合待修复区微地形特点，通过适度的地形改造、覆土和种植易于成活、易于管理的植物等措施，既节约了建设资金，又采用切实可行的技术，最终将修复区建成集人工湿地、林地与草地于一体的湿地公园，最大限度地满足当地居民的需求。与此同时，在整个修复区域内，注重生物—生态与工程措施相结合，针对具有污染性化工垃圾堆修复后仍可产生一定量的渗滤废水的情况，修建渗滤液收集与处理系统，降低渗滤液水对下游人工湿地生态系统的危害。在坚持美学原则方面，整个修复区集人工湿地、林地（乔木林与灌木丛）和草地于一体，在增加景观多样性的同时，还保留原有的具有 100 多年历史的井架，修建小径和木桥等人工设施，使游人心情愉悦，享受自然美和景观美。

　　按照"分步、分期实施"的原则，2007—2008 年，淮南矿业（集团）有限责任公司对位于大通煤矿采煤沉陷区西部、面积近 29hm² 的矿业废弃地进行了生态恢复工程的设计与施工。

## 6.2　大通湿地生态修复工程设计与技术选择

　　按照泉大资源枯竭矿区生态恢复的总体规划要求，针对大通煤矿采煤沉陷区的自然生态条件，基于矿业废弃地生态修复的基本程序要求，在对该区域矿业废弃地基本理化性质、微地形条件及周围区域土壤、植被等进行研究的基础上，对整个待修复区域不同部分或区段的生态修复工程分别进行工程设计。在对整个生态修复工程进行设计时，仍遵循生态修复中的自然原则、社会经济技术可行性原则及美学原则。

### 6.2.1　坡地区域生态修复工程设计

　　待修复的大通煤矿采煤沉陷区坡地全部为土质或煤矸石质地的人工边坡，

按照坡度可分为 2 种类型,即小于 15°的缓坡和 15°～30°的中等坡;按照坡长划分,该区域为坡长小于 100m 的短边坡;按照坡高划分,该区域为坡高小于 5m 的低边坡。针对该区域坡地的主要特征,在工程设计过程中,采用平整原有坡地的措施,使大部分区域坡地的坡度维持在 5°～10°,根据地形特点及维持景观和生境多样性的需要,使局部区域的坡度保持在 20°～30°。对于土质坡地,主要采取机械整理措施;对于煤矸石质坡地,先平整煤矸石坡,将多余的煤矸石清运到其他低洼处进行充填,使其坡度保持在 5°～10°,然后在通过工程措施,在煤矸石表面人工覆盖土壤,覆土厚度为 60～80cm,边覆土、边碾压;对于局部坡度较大、地形不规则的坡地,采用先用煤矸石填充、平整,再覆盖土壤的施工设计。图 6-2 至图 6-4 为 3 种不同类型的坡地施工设计。

**图 6-2　土坡平整设计(坡度＜10°区域)**

**图 6-3　煤矸石质坡地平整与覆土设计(坡度＜10°区域,覆土厚度为 60～80cm)**

**图 6-4　局部不规则区域坡地平整与覆土设计(煤矸石处覆土厚度为 60～80cm)**

根据上述设计,在施工过程中主要通过挖掘机、推土机等施工机械进行平整和覆土,覆土后再利用推土机进行压实,然后根据人工植物群落空间布局设计种植或移植植物。

## 6.2.2　垃圾堆区域生态修复工程设计

在原来的大通煤矿开采沉陷区的西侧和西南侧,堆积着大量的化工垃圾、建筑垃圾和生活垃圾,修复之前,该区土质质地普遍比较坚硬(图 6-5)。化工垃圾主要来源于生产泡花碱的化工厂,化工垃圾堆处存在着强碱性污染问题(pH 大都为 10.3～10.6,有些地方 pH 甚至达到 13.0),在建筑垃圾堆处还存在不同程度的 Cr 浓度超标,生活垃圾堆则存在着有机物发酵导致的土壤缺氧问题。在这些垃圾堆上直接恢复的植被基本无法成活,必须对其碱性、Cr 污染和高有机质采取治理措施。该区域所采用的生态修复措施主要为碱性中和与表层覆土结合法,具体设计如下:在野外调查采样与室内分析的基础上,首先对垃圾堆中污染较轻的、土质较好的表土进行剥离(所剥离的土壤堆积在垃圾堆一旁),然后用粒径为 1cm 左右的细煤矸石覆盖垃圾堆(覆盖厚度为 40cm),再对场地进行深层翻耕 60cm,使煤矸石与垃圾土壤以 2∶1 的比例进行充分混合、压实。为避免修复后的场地过于平坦,凸显人工痕迹,对地形进行初步的塑造整理;此过程完成后,再进行表土的覆盖、压实,用于覆盖的表土为外来客土,与场地内预先剥离,按 10∶1 进行混合。修复后垃圾堆的坡度一般小于 30°。为保证种植的成功率、植物的成活率,覆盖厚度设计为 30cm,然后种植抗性较强(尤其耐碱性较强)的乔木或灌木(刺槐、女贞、构树、石楠、海桐等)。

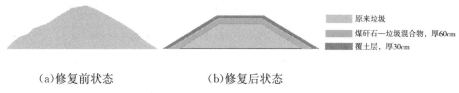

(a)修复前状态　　　　(b)修复后状态

图 6-5　垃圾堆生态修复设计示意图

　　为减少来自垃圾堆土壤侧渗液中碱性污染物或重金属对位于其东部(下游区域)人工湿地的影响,在 2 处修复后垃圾堆的地势较低的区域设计并修建了垃圾堆渗滤液收集处理设施。整个垃圾渗滤液收集处理设施包括收集沟、沉降池和人工潜流湿地 3 部分。治理后的渗滤水最后排入位于其东侧的表面流人工湿地中,作为该湿地的补给水源之一。

### 6.2.3　池塘防渗堤坝生态修复工程设计

　　研究区东南处是一块低洼地,该低洼地东侧与农田相连,南至山坡坡底,北面和西面为不规则坡地,有 2 条水沟与低洼地相连,将地表径流及生产、生活污水直接注入低洼地。修复前的低洼地保水能力较差,水较浅,沼泽化严重。低洼地中主要长有芦苇(*Phragmites australis*)、香蒲(*Typha orientalis*)、鹅观草(*Roegneria kamoji*)等草本植物,边缘部分则长有构树、枫杨、旱柳(*Salix matsudana*)等木本植物,整个低洼地区域植被杂乱。为提高低洼地的保水能力、增加水深,在该区域生态修复过程中,在其东侧与农田相连处修筑一条土坝,并在位于土坝西侧的低洼地区域构筑约 80cm 厚的防渗土层。

### 6.2.4 人工植物群落空间布置设计

人工植物群落的空间布置设计如图 6-6(d)所示。在整个生态修复区域,北部以草本植物群落为主,草本植物主要包括马尼拉草、白车轴草和高杆羊茅。为增加生物多样性、景观多样性及观赏性,在草本群落中栽种樟树(*Cinnamomum camphora*)、荷花玉兰(*Magnolia grandiflora*)、桂花(*Osmanthus fragrans*)、石楠等常绿乔灌木,这些木本植物以岛状形式分布于草本植物群落中。原垃圾堆处经过生态修复后,建成为以木本植物为主的区域,一方面为了与其南侧山坡的人工杉木林协调,另一方面为了与该处人工形成的土堆景观相一致。低洼地修复后所形成的人工湿地以芦苇和香蒲为主。构成生态修复区域的主要植物除包括人工种植的马尼拉草、白车轴草、高杆羊茅、芦苇、香蒲、樟树、荷花玉兰、法国梧桐(*Platanus acerifolia*)、桂花、石楠等植物外,还有自然生长的野生植物 20 余种,如鸡眼草(*Kummerowia striata*)、蓄蓄(*Polygonum aviculare*)、狗牙根、结缕草、双穗雀稗(*Paspalum distichum*)、鹅观草、荻、矛叶荩草(*Arthraxon prionodes*)、香附子(*Cyperus rotundus*)、构树、小叶女贞、刺槐等。

(a)复垦前冬季(2006 年 12 月)外貌

(b)复垦后冬季(2008 年 2 月)外貌

(c)复垦后秋季(2009 年 10 月)外貌

（d）人工植物群落空间布置设计

**图6-6　复垦区人工植物群落的空间布局**

在矿业废弃地生态恢复过程中，技术的选择往往决定着生态恢复工程的效果。目前，国内外已经具有大量的矿业废弃地生态恢复的技术，并在不同矿业废弃地生态恢复过程中使用（李明辉等，2003）。对于多数矿业废弃地而言，为使生态恢复取得较好的效果，往往是多种技术并用。在整个大通煤矿采煤沉陷区生态恢复设计过程中，所采用的生态恢复技术主要包括：

（1）基质肥力恢复技术。通过在煤矸石表面覆盖土壤，改善植物生长所需养分。

（2）水土流失控制技术。通过平整场地、降低坡度、增加坡面稳定性等，减少工程区内的水土流失。

（3）污染控制技术。在恢复区内曾堆存着大量化工垃圾、煤矸石和生活垃圾，并存在一定数量的生活废水和生产废水，通过在固体垃圾表面覆盖土壤、修建污水处理设施等，有效控制来自固体废弃物和生产、生活废水中的污染物对所种植物的危害。

（4）物种引入与恢复技术。在生态恢复之前，该区域主要生长有一些草本植物，如一年蓬、小飞蓬、喜旱莲子草、葎草、狗尾草、土荆芥等，形成杂草丛生混乱景观。在设计过程中,为改善景观效果、构建适合游人休闲的生态景观,人为种植一些常绿乔木和灌木(如荷花玉兰、香樟、女贞、夹竹桃、桂花、海桐、火棘等),并配置一些民众喜爱的木本植物(如碧桃、梅、紫叶李、日本晚樱、迎春、紫丁香等)和草坪植物(如马尼拉草、白车轴草、狗牙根等)。

(5)群落结构优化配置技术。对于人工引入的上述植物种类,为了构建结构合理、可持续发展、符合游人审美需求的人工植物群落结构,在设计过程中充分考虑了植物群落结构的优化配置问题,如在水陆交界区域,根据与湿地距离的不同,分别种植了枫杨、女贞、刺槐、荷花玉兰等;在陆地区域,构建了乔—灌—草结构的人工植物群落,通过增加木本植物的间距,为地面的草本植物生长提供条件;在化工垃圾恢复区域,利用适应性强的本土物种,如女贞、刺槐、构树、紫穗槐等,在坡面构建人工乔—灌植物群落;而在湿地区域,则主要利用土著的芦苇、香蒲、芦竹等建立人工植物群落。

(6)微地形改造技术。治理前的大通采煤沉陷区微地形多样,既有垃圾堆、沉陷坑,又有水坑、水沟、废弃房屋等(图 6-6a)。为营造多种生境条件,以适合不同植物生长,在设计过程中充分利用原有地形,因地制宜地塑造出不同微地形,如将垃圾堆改造成适于林木生长的土堆,将垃圾堆东侧的原有沟渠建造成污水处理设施(图 6-6a、6-6c),利用大的沉陷坑建造人工湿地,等等。

## 6.3　大通煤矿采煤沉陷区生态修复效果

对生态恢复效果进行科学、客观和准确的评价,是恢复生态学理论研究的重要内容,同时,为生态工程的验收提供一定的依据,为其他生态恢复规划提供基础资料。迄今,全球尚无公认的关于生态恢复成功与否的评价标准,无论是评价指标体系还是评价方法体系。基于不同的评价原则,不同的学者提出了不同的生态恢复评价体系。多数学者建议把恢复生态系统与一些参考生态系统之间的结构、功能与动态的相似性进行比较,从而判断恢复的成功与否(李明辉等,2003);杨兆平等(2013)提出了基于主导生态功能构建的生态恢复评价体系;许申来和陈利顶(2008)认为生态恢复效应评价主要包括生态效应评价、经济效应评价和社会效应评价。国际生态恢复协会公布了 9 个生态恢复评价指标,提出作为恢复的生态系统应该具有以下特点:与参考地点具有类似的物种多样性和群落多样性;本地物种的出现;对于生态系统长期稳定具有重要作用的功能群体的出现；提供种群繁殖所需生境的能力；常规功能；景观的整体性；潜在威胁的消除；对于自然干扰的恢复力；自我支持能力。这些指标总体上可以分成 3 类，即多样性、植被结构和生态过程（许申来，陈利顶，2008）；而李明辉等（2003）则认为生态恢复成功与否的评价应该与恢复的目标相关联。

对矿业废弃地生态恢复而言，周伟等（2012）认为，通过监测煤矿复垦区土地总复垦率、增加耕地率、水土保持程度、生产力水平、植被覆盖度、灌溉条件、排水条件、道路通达性、林网密度和公众满意度等指标，评价煤矿废弃地土地复垦效果。李明辉等（2003）认为，尽管目前缺少一个通用的评价体系，但至少存在一些公认的评价指标，如生物种类、生物数量与生物量的增加速度，土壤理化性质与肥力的改进速度，小气候的变化，地下水位与土壤水分变化等。同时，基于这些指标，初步拟定了一个关于矿业废弃地生态恢复效果评价的指标体系（表 6-3）。

表 6-3　矿业废弃地生态恢复效益评价指标体系

| 序号 | 项目 | 山区矿地 | 丘陵矿地 | 平川矿地 | 备注 |
|---|---|---|---|---|---|
| 1 | 植被覆盖率 | ≥70% | ≥60% | ≥40% | 含森林、草地、农作物、经济林以及房前屋后绿化园林的面积 |
| 2 | 荒（坡）地消失率 | ≥70% | ≥80% | ≥90% | |
| 3 | 土地退化整治率 | ≥80% | ≥90% | ≥95% | 含水体流失、酸化、沙化、盐碱化以及严重污染等导致的退化 |
| 4 | 生物多样性恢复率 | 70% | 60% | 50% | |
| 5 | 生活饮用水质量 | 符合国家 GB5749-2006 生活饮用水卫生标准 | | | |
| 6 | 地表水环境质量 | 符合国家 GB3838-2002 地表水环境质量三级标准 | | | |
| 7 | 空气环境质量 | 符合国家 GB3095-2012 空气环境质量二级标准 | | | |

注：引自李明辉等（2003），在生活饮用水、地表水和空气环境质量等方面引用最新国家标准。

由于大通煤矿采煤沉陷区毗邻城市建成区，且该区域生态恢复的目标为建成集人工湿地、林地、草地于一体的湿地公园，对于该区域生态恢复效果的评价难以完全参照彭少麟和周伟等提出的指标进行，故此处的评价主要基于社会效益和生态系统属性两方面。

## 6.3.1　社会效益评价

Palmer 等（2005）认为，利益相关者是否满意、是否具有美学的愉悦是生态恢复成功与否的重要指标。我国多数学者也认为，社会效益是评价生态恢复的重要指标（李明辉等，2003；许申来，陈利顶，2008；於方等，2009）。生态恢复后的大通采煤沉陷区命名为"大通湿地公园",恢复区与周围的原有人工林地相连。整个生态恢复区除保存了具有百年历史的采矿设施外,其他区域皆通过人工措施实施生态恢复,形成大面积的林地系统、林—草系统和湿地系统。为方便游人游憩,还专门修建了停车场、道路、木质廊桥、亭阁、石坐凳等,并在入口处设置导游图,重要的景点还设置了解说牌等。在公园内,人们不仅能够了解大通煤矿的采矿历史,看到百年前的采矿设备,更能欣赏自然美景,呼吸清新空气。

目前,整个湿地公园不仅是周边居民休闲娱乐的重要场地,也是年轻情侣拍摄结婚照的重要外景地。初步调查表明,每日来此休闲的居民有上千人,周末更是有两三千人之多,来此拍摄结婚照的年轻情侣有 10～20 对。综上所述,该生态恢复工程的社会效益是非常显著的。

## 6.3.2　生态系统属性评价

生态效益评价是基于所构建生态系统的结构与功能展开评价的,采用的指标不仅包括生物指标,还包括生境指标。在大通煤矿生态修复区,主要的生态系统类型包括陆地生态系统和湿地生态系统 2 种,而陆地生态系统又包括林地生态系统和林—草生态系统。

### 6.3.2.1　人工湿地中的植物群落

修复后的大通湿地中主要植物群落为芦苇群落和香蒲群落,其中,芦苇群落分布于中部和西部区域,香蒲群落分布于池塘中部和东部区域。整个湿地区域植物群落总盖度约为 80%,无维管植物生长的自由水面面积仅占约 20%,芦苇和香蒲等植物群落高度为 2～3m。具体如图 6-8 所示。

**图 6-7　冬季的大通湿地公园**

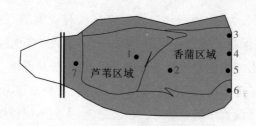

图 6-8　大通湿地植物群落及沉积物采样点示意图

### 6.3.2.2　人工湿地中的水质

表 6-4 所示为大通湿地公园主要水质指标。作为景观公园用水，一般要求水质为Ⅳ类(GB3838—2002)。从表 6-4 中可以看出，大通湿地公园的水中除总氮含量超标外，其他所测定指标均在Ⅳ类以上，说明大通湿地公园水质总体状况良好。

表 6-4　大通湿地公园主要水质指标(平均值±标准差, $n=3$)

| pH | 高锰酸盐指数 (mg/L) | 总氮 (mg/L) | 氨氮 (mg/L) | 硝氮 (mg/L) | 总磷 (mg/L) | $PO_4^{3-}$ (mg/L) |
|---|---|---|---|---|---|---|
| 8.08±0.07 | 3.32±1.29 | 1.95±0.40 | 0.11±0.12 | 0.15±0.03 | 0.21±0.05 | 0.04±0.02 |
| Ⅰ~Ⅴ类 | Ⅱ类 | Ⅴ类 | Ⅰ类 | | Ⅳ类 | |

### 6.3.2.3　人工湿地中的浮游生物

大通湿地浮游生物的结构组成与多样性分析见表 6-5 至表 6-7。其中，浮游动物共 11 种，包括原生动物 2 种、轮虫 6 种、桡足类 3 种，种类结构较简单。

表 6-5　浮游动物结构组成

| 浮游动物 | 1# | 2# | 3# |
|---|---|---|---|
| 无节幼体 Nauplius larva | ++ | ++ | ++ |
| 旋回侠盗虫 Stribilidium gyrans | + | | |
| 月形单趾轮虫 Monostyla Iunaris | | + | |
| 囊形单趾轮虫 Monostyla bulla | | + | |
| 针簇多肢轮虫 Polyarthratriola | | + | + |
| 花篋臂尾轮虫 B. capsuliflorus | | | + |
| 道李沙腔轮虫 Lecane doryssa | + | | |
| 蹄形腔轮虫 Lecane ungulata | | + | |
| 中华哲水蚤 Calanus sinicus | | + | |
| 长尾真剑水蚤 Eucyclops macrurus | + | | |
| 模式有爪猛水蚤 Onychocamptus mohammed | | + | + |

注："++"表示该种为优势种(优势度>0.2)。

浮游植物共 5 门 40 种,包括蓝藻门、硅藻门、黄藻门、隐藻门和绿藻门。其中,绿藻门的拟菱形弓形藻(Schroederia nitzschioides)为优势物种。相对于其他自然水体,大通湿地公园的浮游植物群落结构简单,物种多样性较低。

表 6-6　浮游植物结构组成

| 浮游植物 | 1# | 2# | 3# |
|---|---|---|---|
| **蓝藻门 Cyanophyta** | | | |
| 马氏平裂藻 Merismopedia sinica | + | + | |
| 细小平裂藻 Merismopedia minima | | + | |
| 史氏棒胶藻 Rhabdogloea smithii | + | + | |
| 拟鱼腥柯孟藻 Komvophoron anabaenoides | + | + | + |
| 圆柱鱼腥藻 Anabaena cylindrica | + | + | |
| 类颤鱼腥藻 Anabaena circinalis | + | + | + |
| 小织线藻 Plectonema tenue | + | + | |
| 栖霞席藻 Phormidium diguetii | + | + | |
| 蛇形颤藻 Oscillatoria anguina | + | + | + |
| 拟短形颤藻 Oscillatoria subbrevis | | + | + |
| 皮质颤藻 Oscillatoria cortiana | + | + | + |
| 包氏颤藻 Oscillatoria boryana | | + | |
| 近旋颤藻 Oscillatoria subcontorta | | + | |
| 颗粒颤藻 Oscillatoria granulata | | + | + |
| 绿色颤藻 Oscillatoria chlorina | | + | |
| 盘氏鞘丝藻 Lyngbya birgei | | + | |
| 美丝鞘丝藻 Lyngbya perelegans | | | + |
| 坑形细鞘丝藻 Leptolyngbya foveolara | | | ++ |
| 中华小尖头藻 Raphidiopsis sinensia | | | + |
| 伪双点贾丝藻 Jaaginema pseudogeminatum | | | + |
| 水华束丝藻 Aphanizomenon flos-aquae | | + | + |
| **绿藻门 Chlorophyta** | | | |
| 拟菱形弓形藻 Schroederia nitzschioides | ++ | ++ | + |
| 四尾栅藻 Scenedesmus quadricauda | + | | |
| 螺旋弓形藻 Schroederia spiralis | + | | |
| 狭形纤维藻 Ankistrodesmus angustus | + | + | |
| 波吉卵囊藻 Oocystis borgei | + | | |

| 浮游植物 | 1# | 2# | 3# |
|---|---|---|---|
| **硅藻门 *Bacillariophyta*** | | | |
| 平片针杆藻 *Synedra tabulata* | | + | + |
| 肘状针杆藻 *Synedra ulna* | + | + | |
| 尖针杆藻 *Synedra acus* | + | + | |
| 尖头舟形藻 *Navicula cuspidata* | + | | |
| 杆状舟形藻 *Navicula bacillum* | + | | + |
| 短小舟形藻 *Navicula exigua* | | + | + |
| 放射舟形藻 *Navicula radiosa* | | | + |
| 细纹长蓖藻 *Neidium affine* | | + | |
| 弯羽纹藻线性变种 *Pinnularia gibba* | | + | |
| 针形菱形藻 *Nitzschia acicularis* | + | | + |
| 颗粒直链藻 *Melosira granulata* | | | + |
| **黄藻门 *Xanthophyta*** | | | |
| 头状黄管藻 *Ophiocytium lagerheimii* | + | | |
| 绿色黄丝藻 *Tribonema viride* | | + | |
| **隐藻门 *Cryptophyta*** | | | |
| 卵形隐藻 *Cryptomonas erosa* | + | + | + |

注:"++"表示该种为优势种(优势度>0.2)。

表 6-7 所示为人工湿地中浮游生物多样性的有关指数。从表可以看出,位于湿地中央处浮游动物和浮游植物的香农—威纳多样性指数、丰富度指数和均匀度指数均高于边缘处。

表 6-7　浮游生物多样性指数

| 指标 | 1#(边缘处) | | 2#(中央处) | | 3#(边缘处) | |
|---|---|---|---|---|---|---|
| | 浮游动物 | 浮游植物 | 浮游动物 | 浮游植物 | 浮游动物 | 浮游植物 |
| 香农—威纳多样性指数 | 13.29 | 3.93 | 26.61 | 4.20 | 13.21 | 3.39 |
| 丰富度 | 0.90 | 1.47 | 1.20 | 1.73 | 0.64 | 1.29 |
| 均匀度 | 6.64 | 0.87 | 9.48 | 0.88 | 6.61 | 0.78 |

#### 6.3.2.4　人工湿地沉积物的理化性质

(1)大通湿地公园沉积物的颗粒组成。图 6-9 所示是大通湿地公园 7 个采样点不同深度沉积物(人工填充土壤)的颗粒组成(粒径分布)。从图中可以看出,整个人工填充物所形成的沉积物中以粒径小于 $50\mu m$ 的颗粒为主,但在剖面的不同深度,粒径小于 $50\mu m$ 的颗粒所占的比例仍然存在差异,其中,$60\sim80cm$ 层中粒径小于 $30\mu m$ 的颗粒所占比例高于 $20\sim40cm$ 层,表层 $0\sim20cm$ 和 $40\sim60cm$ 层中粒径大于 $50\mu m$ 颗粒所占比例高于其他层。这表明整个通过人工填充所形成的沉积物以粉粒为主,呈现出粉砂质黏土至黏土的特点。

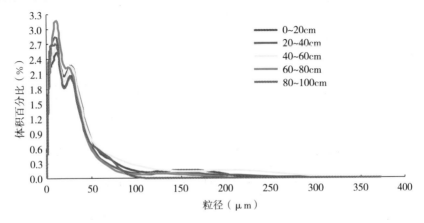

**图 6-9　大通湿地沉积物粒径分布**

(2)大通湿地公园沉积物的 pH 与电导率。大通湿地公园沉积物 pH 与电导率见表 6-8。从表中可以看出,整个剖面的 pH 呈微碱性,表层 $0\sim20cm$ 的电导率高于其他层次。整个剖面的 pH 和电导率不会对植物的生长造成不利的影响。

**表 6-8　大通湿地沉积物剖面的 pH 与电导率(平均值±标准差)**

| 剖面深度 | pH | 电导率 EC($\mu s/cm$) |
| --- | --- | --- |
| $0\sim20cm$ | 7.72±0.47 | 526.43±243.10 |
| $20\sim40cm$ | 8.01±0.39 | 414.83±113.83 |
| $40\sim60cm$ | 7.87±0.08 | 440.50±151.61 |
| $60\sim80cm$ | 7.85±0.11 | 421.17±150.00 |

(3)大通湿地沉积物中有机质与营养盐。图 6-10 至图 6-15 所示为大通湿地沉积物剖面不同层次中有机质与营养盐的含量。从图中可以看出，除 7 号样本外，沉积物中有机质含量基本上表现为自上而下逐渐减少，沉积物剖面中总氮含量基本上也表现为表层 0～20cm 高于位于其下的各层。导致这一结果的原因：一方面，可能与在填充过程中所使用的填充土壤原有差异有关；另一方面，主要是植物枯枝落叶腐烂而导致上层有机质和总氮含量增加。

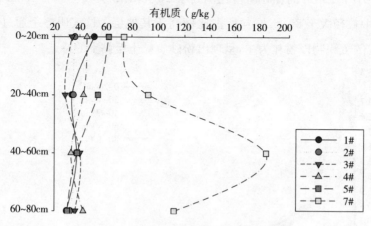

**图 6-10　大通湿地沉积物有机质垂直分布图**

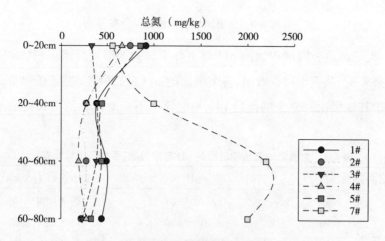

**图 6-11　大通湿地沉积物总氮垂直分布图**

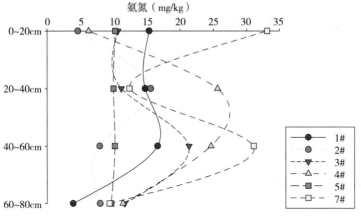

图 6-12　大通湿地沉积物氨氮垂直分布图

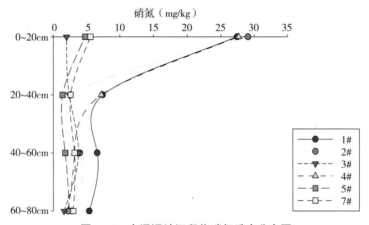

图 6-13　大通湿地沉积物硝氮垂直分布图

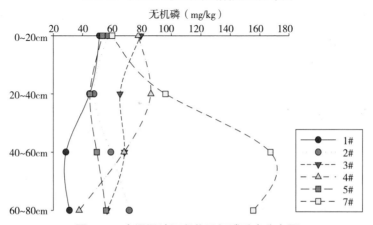

图 6-14　大通湿地沉积物无机磷垂直分布图

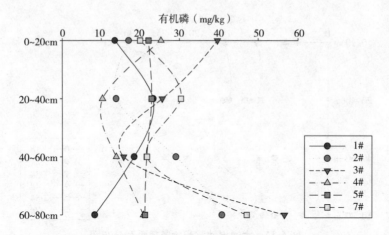

图 6-15 大通湿地沉积物有机磷垂直分布图

沉积物中氨氮和硝氮的含量基本上表现为自上而下逐渐减少。来自不同沉积物剖面的氨氮含量自上而下表现出很大的差异,而硝氮含量则基本上表现为随着深度的增加而逐渐减少,尤其是 1 号、2 号和 4 号剖面。

除 7 号剖面外,沉积物中无机磷的含量基本上表现为自上而下逐渐减少,有机磷含量在不同剖面的不同层次表现出较大的差异。与无机磷相比,沉积物中有机磷含量相对较低。无机磷含量较高的原因:一方面,可能与植物生长时间相对较短有关;另一方面,与沉积物实际上就是人为填充土壤有关。

对 7 号剖面而言,有机质、总氮和无机磷含量均表现为类似的变化趋势,导致这一结果的原因可能与该处长期受化工垃圾渗滤液的污染有关,因为来自化工垃圾的渗滤液中含有较高的有机质、总氮和无机磷(见化工垃圾渗滤液部分)。

### 6.3.2.5 陆地修复区域土壤的基本理化性质

(1)土壤粒径分布。大通湿地公园的人工复垦区域采用下层煤矸石填充—表面覆土方式,然后再种植木本植物和铺设草皮。野外调查表明,不同区域复垦区表层土壤的覆盖厚度不一致,覆盖厚度为 40~80cm。图 6-16 所示是所覆盖土壤的粒径分布。从图中可以看出,颗粒直径小于 $100\mu m$ 的土壤颗粒所占体积在总土壤体积的 50% 以上,其中,40cm 以下土壤主要由小于 $100\mu m$ 的土壤颗粒组成,40cm 以上的剖面中,颗粒直径大于 $100\mu m$ 的颗粒约占 50%,即上面 40cm 层中的土壤颗粒相对较大。

(2)土壤养分状况。表 6-9 列出了大通湿地公园中人工复垦区土壤养分状况。从表中可以看出,该区域土壤养分总体表现为氮素和有机质含量较低,但0～40cm范围内土壤有效磷含量较高,而下层土壤中则表现为有效磷含量较低。总体而言,该复垦区域土壤较为贫瘠。

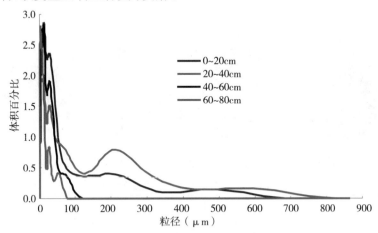

**图6-16　大通湿地周围人工复垦区土壤的粒径分布**

**表6-9　大通湿地公园人工复垦区土壤养分状况**

| 深度 | pH | 电导率 EC($\mu$s/cm) | 总氮(mg/kg) | 总磷(mg/kg) |
|---|---|---|---|---|
| 0～20cm | 7.82±0.39 | 358.35±422.46 | 612.02±136.28 | 291.13±89.33 |
| 20～40cm | 6.50±1.70 | 873.28±546.62 | 1746.75±1219.14 | 184.70±47.15 |
| 40～60cm | 7.12±0.97 | 205.35±140.65 | 343.39±76.37 | 183.25±47.42 |
| 60～80cm | 8.09 | 72 | 142.26 | 155.96 |

| 深度 | 氨氮(mg/kg) | 硝氮(mg/kg) | 有效磷(mg/kg) | 烧失量(%) |
|---|---|---|---|---|
| 0～20cm | 5.38±1.01 | 2.29±0.29 | 28.38±26.98 | 6.03±1.61 |
| 20～40cm | 6.87±1.42 | 2.24±2.13 | 10.49±5.34 | 14.08±7.03 |
| 40～60cm | 4.13±0.53 | 1.67±0.42 | 2.71±0.99 | 4.88±1.74 |
| 60～80cm | 3.39 | 0.21 | 3.21 | 6.41 |

### 6.3.2.6　化工垃圾渗滤液性质及其污染治理

(1)垃圾渗滤液的产生及其主要污染物。尽管化工垃圾堆已经经过人工复垦,但由于该处地势高于东侧的复垦区,致使来自化工垃圾复垦堆的褐色渗滤液持续向地势低洼的东侧渗出,最终流入位于其东侧的大通湿地之中。化工垃圾的渗滤液排放量与降雨关系较为密切,在降雨量较大的季节中,来自化工垃圾堆的渗滤液产生量较大,而在雨水较少的季节,化工垃圾堆的渗滤液产生量相对较少。为控制垃圾渗滤液对大通湿地的影响,在前期生态修复过程中已经修建几处垃圾渗滤液收集沟和收集井,同时构建了用于渗滤液处理的潜流湿地系统(图6-17)。由于收集沟、收集井和潜流湿地之间的连接管受到破坏,加上潜流湿地系统处理能力有限,目前来自化工垃圾堆的渗滤液处理效果较差,不仅给该处的景观造成影响,同时,也对大通湿地造成危害。

图 6-17　来自化工垃圾堆的渗滤液及其原有收集、处理设施

表 6-10　化工垃圾渗滤液的主要理化性质

| 编号 | 溶解氧 (mg/L) | pH | 电导率 (ms/cm) | 总氮 (mg/L) | 总磷 (mg/L) | 高锰酸盐指数 ($O_2$, mg/L) |
|---|---|---|---|---|---|---|
| 1 | 9.40 | 10.82 | 2.46 | 1.74 | 0.06 | 24.59 |
| 2 | 0.61 | 10.86 | 2.90 | 3.51 | 0.26 | 58.27 |
| 3 | 5.98 | 11.53 | 3.01 | 4.07 | 0.20 | 66.69 |
| 4 | 6.66 | 11.64 | 3.20 | 4.07 | 0.41 | 88.59 |
| 5 | 3.68 | 12.35 | 3.69 | 5.43 | 0.67 | 93.64 |
| 6 | 5.63 | 12.59 | 3.88 | 5.47 | 0.28 | 107.12 |
| 7 | 0.88 | 10.33 | 2.68 | 2.09 | 0.16 | 86.91 |
| 8 | 2.33 | 10.71 | 2.91 | 3.00 | 0.27 | 46.48 |
| 9 | 5.61 | 9.05 | 0.92 | 1.42 | 0.08 | 24.59 |

| 编号 | $Cl^-$ (mg/L) | $SO_4^{2-}$ (mg/L) | K (mg/L) | Ca (mg/L) | Na (mg/L) | Mg (mg/L) | Cr (mg/L) | Cu (mg/L) |
|---|---|---|---|---|---|---|---|---|
| 1 | 172.96 | 801.39 | 24.89 | 2.914 | 853.2 | 0.87 | 0.01 | 0.01 |
| 2 | 204.74 | 841.44 | 49.53 | 3.132 | 1176 | 0.29 | 0.03 | 0.04 |
| 3 | 192.07 | 810.68 | 50.27 | 2.986 | 1185 | 0.14 | 0.06 | 0.06 |
| 4 | 209.17 | 824.80 | 53.68 | 2.746 | 1315 | 0.13 | 0.06 | 0.07 |
| 5 | 263.24 | 819.82 | 65.33 | 1.635 | 1410 | 0.09 | 0.06 | 0.09 |
| 6 | 292.41 | 770.10 | 74.35 | 2.647 | 1617 | 0.07 | 0.07 | 0.14 |
| 7 | 172.12 | 781.53 | 29.38 | 5.195 | 1051 | 4.37 | 0.02 | 0.03 |
| 8 | 182.98 | 796.06 | 31.39 | 3.392 | 1135 | 1.29 | 0.02 | 0.03 |
| 9 | 37.41 | 196.22 | 16.22 | 19.1 | 124.2 | 9.09 | 0.01 | 0.07 |

表 6-10 所示为化工垃圾渗滤液的主要理化性质。从表中可以看出,来自化

工垃圾堆的渗滤液主要的污染不仅表现为碱性污染（pH 最高可达 13），同时具有较高的盐分和氮、磷、有机质含量，对植物生长危害较大的硫酸根离子含量也很高（最高可达 1100mg/L）。因此，必须采取一定的措施治理化工垃圾渗滤液，减轻其对于大通湿地生态系统的影响。

　　（2）化工垃圾渗滤液的治理。为治理来自化工垃圾堆的渗滤液，有关人员在实验室内已经开展了大量的研究工作。所采用的化工垃圾渗滤液净化技术主要为混凝处理，所用的混凝剂包括明矾、聚合氯化铝、氯化铁、硫酸铁＋过氧化氢、氯化钡等，为使所产生的混凝物加速沉淀或上浮，还加入了聚丙烯酰胺。大量试验表明，明矾、聚合氯化铝、氯化铁、硫酸铁＋过氧化氢、氯化钡等都能够起到高效去除渗滤液中主要污染物的作用。为检验各种方法净化后出水的环境毒性，还进行了环境毒理学研究。在上述大量研究的基础上，最终确定了生态或环境毒害较小、净化效果较好的混凝—上浮净化技术，其具体流程和处理效果如图 6-18 和图 6-19 所示。

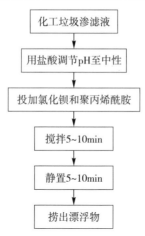

**图 6-18　化工垃圾渗滤液混凝—上浮净化处理技术流程图**

**图 6-19　化工垃圾渗滤液处理效果照片**

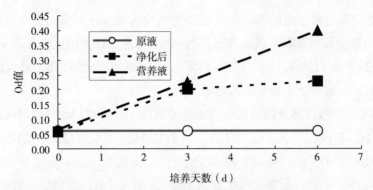

**图 6-20　小球藻在净化后渗滤液中的生长**

在所使用的几种混凝处理中,对生物生长的毒害性依次表现为:硫酸亚铁+过氧化氢＞明矾＞聚合氯化铁＞聚合氯化铝＞氯化钡。图 6-20 所示结果表明,与未经处理的化工垃圾渗滤液相比,小球藻可在处理后的污水中成功生长,表明处理后的污水对小球藻的生理毒性减弱。

表 6-11 所示数据表明,尽管处理后的总氮和氯离子含量增加,但对植物生长具有较强毒性的硫酸根离子含量则显著降低,总磷和高锰酸盐指数也显著降低。总氮的增加主要是使用聚丙烯酰胺的缘故,通过减少聚丙烯酰胺的投加量,可以降低出水中的总氮;而氯离子的增加主要来自于 pH 调节过程中盐酸的使用,但相对于硫酸根离子而言,氯离子对生物的伤害作用要小得多。因此,由于经处理后的垃圾渗滤液对植物生长的毒性显著降低,如果将这种经过混凝处理后的污水经过人工湿地系统进行再处理,通过生活在人工湿地中的植物和微生物进一步吸收利用氮素和有机质后,则水质将会得到进一步改善。

**表 6-11　净化前后污水指标的变化(mg/L)**

| 主要指标 | 总氮 | 总磷 | 高锰酸盐指数 | $SO_4^{2-}$ | $Cl^-$ |
| --- | --- | --- | --- | --- | --- |
| 未处理 | 5.91 | 0.52 | 54.53 | 1027.86 | 250.65 |
| 处理后 | 8.65 | 0.12 | 23.27 | 118.49 | 2649.58 |

# 第 7 章
## 资源枯竭矿区生态修复和验收指标体系

　　矿产资源是国民经济和社会发展的重要物质基础,中国 95％以上的能源、80％以上的工业原材料和 70％以上的农业生产资料都来自于矿产资源。矿产资源开采在为国民经济和社会发展提供能源和原料的同时,也对耕地和生态环境造成了破坏。在中国中东部煤矿开发过程中形成一定面积的矿业废弃地,包括采煤沉陷区、煤矸石堆积区和退化土地,对土地与生态环境产生负面影响,特别是平原地区,人口稠密、土地资源稀缺,大多数煤矿在开采后引起地表沉陷、积水,迫使村庄搬迁,从而加剧了人地矛盾(吴晓丽等,2009)。解决上述问题是矿区生态环境修复的主要任务。矿区生态环境修复是指对因各种采矿造成生态破坏和环境污染的区域,因地制宜,采取措施,使其恢复到期望状态的活动或过程,保证在开采矿产资源的同时,保护区域生态环境,保护生物多样性,以确保环境安全、生态安全与社会可持续发展。因此,开展资源枯竭矿区土地复垦与采后生态修复重建的理论和技术研究及实践是国民经济建设和社会发展的迫切要求。对生态修复效果进行科学、客观和准确的评价,可为生态工程的验收提供一定的依据,为其他生态恢复工程提供技术指导。迄今,全球尚无公认的关于生态恢复成功与否的评价标准,无论是生态修复方法体系,还是验收指标体系。生态修复方法体系和验收指标体系综合反映了资源枯竭矿区生态修复重建的理论和技术研究及实践的成果。

## 7.1 区域生态环境修复的战略和综合技术体系

### 7.1.1 矿区生态环境修复的战略

矿区是以采矿业为中心,包含矿区内工农业生产和其他有关社会、经济领域的一个特殊的"区域",是一个复杂的"自然—社会—经济"综合体。矿区生态环境修复属多学科交叉的综合性应用学科,涉及环境科学、生态学和生态工程等,具有显著的工程技术特征。矿产资源开发造成矿区生态环境破坏,生态环境破坏与矿区规划设计和生产工艺流程密切相关,具有可预见性。在目前的科学技术和经济条件下,坚持主动的修复理念来指导矿产资源开发和矿区生态环境修复,采取主动的、超前的、动态的发展战略,改变过去被动的、先破坏、后修复的模式。

主动的修复战略是指人们主动地根据矿区开发和生产的时空变化以及当地的区域发展需要,对矿区生态系统的结构、功能和破坏特征进行积极的调控,恢复重建一个高水平、可持续的生态系统,特别是主动地从矿区的社会形态、经济组成、产业结构、人类行为、价值伦理等进行区域综合规划、评价、整治和管理,突出人地关系,追求整体协调、共生协调和发展协调。

超前的修复战略是指基于预测的矿区生态环境破坏,超前地采取一些治理措施,减轻生态环境破坏程度,恢复破坏的生态环境并节约修复费用。

动态的修复战略是指在矿产资源开发的每一阶段,包括从勘探、设计、基建、生产到报废,均同步开展矿区生态环境修复工作,并根据生产的变化及时调整恢复治理规划,使矿产资源开发更科学、合理,使矿区生态环境修复工作既经济又高效(胡振琪等,2005)。

### 7.1.2 矿区生态环境修复的综合技术体系

鉴于矿区生态环境的复杂性,矿区生态环境修复技术具有综合性和系统性特点。矿区生态环境修复的技术体系包括监测、预测及风险评估技术,管理技术,规划设计技术,工程修复技术,以及化学与生态修复技术。

监测、预测及风险评估技术是对矿区生态环境损害进行动态监测与预测,并进行风险评估,揭示损害的程度、范围、机理、规律及风险,为矿区生态环境治理技术的选择和有关法规与技术标准的制定提供依据。

管理技术是指对受损生态环境资源进行科学的宏观管理,进行规划设计、工程实施和修复后改善,以及矿山整个生命周期的环境修复管理,包括矿山勘探、设计、生产和关闭。

规划设计技术是指对于重大工程,在详细调查和监测的基础上,运用先进的规划技术和手段进行矿区环境修复的规划设计。

工程修复技术是指根据对生态环境的破坏特征和自然条件,分别采用生态破坏的工程修复技术和环境污染的工程修复技术,恢复生态系统的结构和功能。

化学与生态修复技术是指分别利用生物工程(含植物修复技术)、生态工程(含矿区土地复垦与生态重建技术)、化学修复和土壤改良技术等各种化学和生物措施,提高重建系统的生产力和环境安全水平。

## 7.2　中国资源枯竭矿区生态修复指标体系

中国以煤炭为主的矿业城市主要集中于中西部,其中枯竭矿区主要集中于中东部。在资源枯竭矿区,不同的矿产类型、开采方式、自然条件和生产活动,形成了大面积、各种类型的矿业废弃地。资源枯竭矿区面临生态恢复的艰巨任务。在资源枯竭矿区生态修复实践过程中,前人研究总结了资源枯竭矿区生态修复指标体系。本节重点介绍矿山生态环境保护与恢复治理技术规范和土地复垦与生态重建技术指标体系2方面的内容。

### 7.2.1　中国矿山生态环境保护与恢复治理技术规范(节选)

安徽淮南泉大资源枯竭矿区位于新城区的城市中心地带。泉大资源枯竭矿区的生态环境修复与景观区建设总面积为410hm²。目前,洞山生态区环境修复与景观建设已经完成,老龙眼水库生态区和大通湿地生态区初具规模,已使约7.2km²的采煤沉陷区、矸石场和采石场等的生态环境得到恢复,使"城市荒地"变成融山、水、林、居于一体的城市生态区,重新焕发生机和活力。上述生态修复成果为国内煤炭城市资源枯竭矿区提供了一种治理模式。

2013年7月,为贯彻《中华人民共和国环境保护法》《中华人民共和国环境影响评价法》和《国务院关于加强环境保护重点工作的意见》,环境保护部发布了

《矿山生态环境保护与恢复治理技术规范》(试行)。本规范规定了矿产资源勘查与采选过程中,排土场、露天采场、尾矿库、矿区专用道路、矿山工业场地、沉陷区、矸石场、矿山污染场地等矿区生态环境保护与恢复治理的指导性技术要求。为了更好地指导安徽省两淮煤矿的生态环境保护与恢复治理工作,下面重点介绍与安徽省两淮煤矿开采相关的矿山生态环境保护与恢复治理的一般要求、矿山生态保护、沉陷区恢复治理和矸石场恢复治理4部分内容。

(1)矿山生态环境保护与恢复治理的一般要求。矿山生态环境保护是指采取必要的预防和保护措施,避免或减轻矿产资源勘探和采选造成的生态破坏和环境污染。

矿山生态环境恢复是指对矿产资源勘探和采选过程中的各类生态破坏和环境污染采取人工促进措施,依靠生态系统的自我调节能力与自组织能力,逐步恢复与重建其生态功能。

①禁止在依法划定的自然保护区、风景名胜区、森林公园、饮用水水源保护区、文物古迹所在地、地质遗迹保护区、基本农田保护区等重要生态保护地以及其他法律法规规定的禁采区域内采矿;禁止在重要道路、航道两侧及重要生态环境敏感目标可视范围内进行对景观破坏明显的露天开采。

②矿产资源开发活动应符合国家和区域主体功能区规划、生态功能区规划、生态环境保护规划的要求,采取有效的预防和保护措施,避免或减轻矿产资源开发活动造成的生态破坏和环境污染。

③坚持"预防为主、防治结合、过程控制"的原则,将矿山生态环境保护与恢复治理贯穿矿产资源开采的全过程。根据矿山生态环境保护与恢复治理的重点任务,合理确定矿山生态保护与恢复治理分区,优化矿区生产与生活空间格局,采用新技术、新方法、新工艺,提高矿山生态环境保护和恢复治理水平。

④所有矿山企业均应对照本标准各项要求,编制实施矿山生态环境保护与恢复治理方案。

⑤恢复治理后的各类场地应实现:安全稳定,对人类和动植物不造成威胁;对周边环境不产生污染;与周边自然环境和景观相协调;恢复土地基本功能,因地制宜地实现土地可持续利用;区域整体生态功能得到保护和恢复。

(2)矿山生态保护。

①在国家和地方各级人民政府确定的重点(重要)生态功能区内建设矿产资

源基地时,应进行生态环境影响和经济损益评估,按评估结果及相关规定进行控制性开采,减少对生态空间的占用,不影响区域主导生态功能。在水资源短缺、环境容量小、生态系统脆弱、地震和地质灾害易发地区,要严格控制矿产资源开发。

②矿山开采前,应在矿区范围及各种采矿活动的可能影响区进行生物多样性现状调查,对于国家或地方保护动植物或生态系统,必须采取就地保护或迁地保护等措施保护矿山生物多样性。

③采矿需要设置排土场和尾矿库时,应将剥离的草皮层集中养护,待满足恢复条件后及时移植,恢复植被;严格控制临时施工场地与施工道路的面积和范围,减少对地表植被的破坏。

④矿产资源开发应避开易发生风蚀和生态退化的地带,减少丌采、排土和运输等活动对土壤结皮、砾幕及矿区植被的破坏和扰动;对排土场、料场及尾矿库等场地应采取围挡和覆盖等防风蚀措施。

⑤水蚀敏感区矿产资源开发应科学设置露天采场、排土场、尾矿库及料场,并采取防洪、排水、边坡防护、工程拦挡等水土保持措施,减少对天然林草植被的破坏。

⑥在基本农田保护区下采矿时,应结合矿山沉陷区治理方案确定优先充填开采区域,以免进行地表二次治理;在需要保水开采的区块,应采取有效措施避免破坏地下水系。

⑦采矿产生的固体废物,应在专用场所堆放,并采取措施防止二次污染;禁止向河流、湖泊、水库等水体及行洪渠道排放岩土、含油垃圾、泥浆、煤渣、煤矸石和其他固体废物。

⑧评估采矿活动对地表水和地下水的影响,避免破坏流域水平衡和污染水环境;采矿区与河道之间应保留环境安全距离,防止采矿对河流生物、河岸植被、河流水环境功能和防洪安全造成破坏性影响。

⑨矿区专用道路选线应绕避环境敏感区和环境敏感点,防止对环境保护目标造成不利影响。

⑩在建设排土场、采场、尾矿库、矿区专用道路等各类场地前,应视土壤类型对表土进行剥离。剥离矿区耕作土壤时,应对耕作层和心土层单独剥离与回填,一般情况下表土剥离厚度不少于30cm;采集矿区非耕作土壤时,应对表土层进

行单独剥离,如果表土层厚度小于20cm,则将表土层及其下面贴近的心土层一起构成的至少20cm厚的土层进行单独剥离;剥离高寒区表土时,应保留好草皮层,剥离厚度不少于20cm。剥离的表层土壤不能及时铺覆到已整治场地的,应选择适宜的场地进行堆存,并采取围挡等措施防止水土流失。

(3)沉陷区恢复治理。矿山开采导致采空区的上覆岩层的原始应力平衡状态受到破坏,发生冒落、断裂、弯曲等移动变形,最终涉及地表,形成下沉盆地和裂隙等沉陷地形。

①矿山企业应采取有效措施,避免或减少地面沉陷和地表扰动。

②因地制宜,采用固体材料、膏体材料、高水材料等安全无害充填材料和充填工艺技术有效控制地表沉陷。固体、膏体(似膏体)和高水(超高水)材料的充填率应分别达到70%、85%和90%。

③沉陷区恢复治理应综合考虑景观恢复、生态功能恢复及水土流失控制,根据沉陷区稳定性,采用生态环境恢复治理措施,可按照 UDC-TD 相关要求恢复沉陷区的土地用途和生态功能。沉陷区稳定后 2 年内恢复治理率应达到 60%;尚未稳定的沉陷区应采取有效防护措施,防止造成进一步的生态破坏和环境污染。

(4)矸石场恢复治理。矸石场是指煤矿采选过程中产生的含炭岩石及其他岩石等固体废弃物的集中排放和处置场所。

①煤矸石综合利用。在煤矸石不对土壤、地下水造成污染的前提下,采用筑路、充填(包括建筑充填、低洼地和荒地充填以及矿井采空区充填)等方式充分利用煤矸石,减少露天堆放量。在平原区,煤矸石应进行综合利用或井下充填,禁止露天占地堆放。在满足相关规定的条件下,可开展煤矸石发电工作。

②煤矸石堆放。煤矸石堆放与处置应安全稳定,符合 GB18599-2001 标准要求。禁止矸石堆的有毒有害液体和废物进入河流和地下水体。堆存煤矸石时,应设计稳定的边坡角度,并分层覆土压实,防止出现自燃和爆炸。一般每层矸石堆层厚度不超过 2m,覆土厚度不低于 0.5m。

③矸石场生态恢复。矸石场闭场后,应进行平整和覆土处理,依据景观相似性原则选择植物品种进行绿化或景观恢复,实现矸石场生态恢复和利用。

### 7.2.2 中国资源枯竭矿区土地复垦与生态重建技术指标体系

资源枯竭矿区土地复垦与生态重建技术是一项综合应用技术,依据土地复垦类型,其技术指标体系可分为农田复垦技术、河流水系修复技术、湿地修复技术、水体修复技术、村落恢复技术、山体恢复技术、林地重建技术和矿山公园构建技术(付梅臣等,2005,2009)。

### 7.2.2.1　农田复垦技术

通过农田景观内部组织协调技术、外部组织协调技术和恢复施工技术等农田复垦技术,着重解决田块、廊道的内部组织协调和农田防护林、道路、沟渠的外部组织协调问题。利用煤矸石、粉煤灰等固体废弃物进行充填,直接平整非积水沉陷区域,实现矿区土地复垦;采用挖深垫浅法,建立塘基式农田,修复利用积水较深区域;采用预复垦法,修复利用未稳定沉陷区(彭建等,2005)。矿区土地复垦过程中,应注意使用对土壤结构危害小的机械(李新举等,2007),解决复垦土壤压实问题(Jiang GM等,1994);采取相应的改良和培肥土壤措施,提高工程复垦土地的肥力。

### 7.2.2.2　河流水系修复技术

河流水系的修复既要做好水系疏通与河道修复,又要做好地表植被保护与建设,长期保存整个水系。同时,还要做好矿山水处理与利用,特别要注意把矿井水综合利用起来。

在矿区土地利用过程中,通过采用"蓝"水廊道修复技术、"绿"水廊道修复和矿山水处理与利用等河流水系修复技术,将"蓝"水、"绿"水和矿山水有机融合,实现区域疏通(Falkenmark M,Rockstrom J,2006;雷兆武等,2006)。

### 7.2.2.3　湿地修复技术

在修复前做好规划,按照综合整理原则,根据整理目标,如将积水区土体处理与造景技术用于沉陷区土地复垦;将沉陷区的土体转移到煤矸石山等固体废弃物堆放地,建造假山覆土;将地表植被恢复与造景技术用于构筑原生态绿化景观;将道路系统改造与景观连通技术用于构建湿地公园,形成贯穿主要景点、景区完整的环路体系(朱磊等,2006);将采矿遗迹的保护与改造技术用于矿区景观重建,实现湿地景观的自然化(Rheinbraun,1999;常江等,2005;王胜永等,2007)。

### 7.2.2.4　水体修复技术

利用生物塘净化机制,采用沉陷积水净化技术,将采煤沉陷积水区改造成好氧塘或厌氧塘后,种植水生植物,通过过滤、吸附、沉淀、离子交换、植物吸收和微生物分解等,完成对矿区积水的高效净化,提升净化效果(康恩胜,2006;刘萍萍等,2007;傅娇艳等,2007);采用积水水面改造技术,按照积水深度将浅水区改造成好氧塘,将深水区改造成厌氧塘,并联与串联相结合,保持生物塘自然弯曲的形态,发挥湿地型生物塘的矿井废污水净化功能(赵晨洋,2007);采用动植物配置技术,科学配置水生经济植物和水生经济动物(如鱼类),充分发挥水生生态系统服务功能和湿地景观功能(李杰等,2007)。

### 7.2.2.5 村落恢复技术

采用村落恢复技术,保护与规划塌陷区的村落,推广建筑物基础建造技术,发展中心村,节约用地,保护乡村特色。

(1)村落特色保护与规划。科学规划,合理布置村镇体系,以中心村为鼓励发展区,行政村(基层村)为引导或限制发展区,协同考虑村落与其他景观类型,重建村落景观(徐忠等,2006)。在村落重建中,保障廊道的衔接,力求边界衔接,节约与集约利用土地,注重环境保护,建设和谐新农村。

(2)建筑物基础建造技术。采用煤矸石回填沉陷区分层振动碾压方法,重建沉陷区村落宅基地,满足迁村建筑用地的需求。

### 7.2.2.6 山体恢复技术

矿山尤其是露天矿采矿会破坏山体。山体是丘陵矿区的重要标志,蕴涵丰富的历史文化内涵及物种资源,修复破碎的山脊生态廊道是区域生态建设的重要组成部分。采用山体恢复技术,遵循山体的形态和节奏,保护山体的轮廓,恢复山脊生态廊道,保持山脊线的自然连续性(俞孔坚等,2005);采用自然式设计,选择喷混植生技术、三维植被网绿化技术、双容器育苗技术和节水灌溉技术,采用保水剂等节水新材料(赵永军等,2006),恢复和重建山体的自然生态植被(张涛,2006)。

### 7.2.2.7 林地重建技术

在矿区的矸石山、积水区边缘、鱼塘堤坝、河流与道路两侧,合理布局林地,恢复重建护岸、护路林,发展林业种植,改良复垦后的土壤肥力,保持水土,形成林业植被景观;采用树种规划技术,根据"适地适植物"或"适地适树"原则,以乡土树种为主,适当选用经过多年引种和驯化的外来植物品种,增加植物和景观的多样性;采用矿区煤矸石山等废弃地的抗旱栽植技术,发展苗木保护和保水技术,提高苗木的成活率(李鹏波,2006)。

## 7.3　安徽省矿山地质环境治理恢复验收标准

安徽省矿山地质环境治理恢复验收标准可用于矿山地质环境治理恢复的指导,以及矿山地质环境治理恢复合格程度的考核和验收(安徽省国土资源厅,2007)。

根据矿山地质环境治理恢复对象,将矿山地质环境治理恢复验收标准分为矿山地质环境保护类治理恢复验收标准和矿山土地复垦类验收标准 2 部分。矿山地质环境保护类治理恢复验收标准包括矿山水资源与水环境类治理恢复验收标准、矿山植被类治理恢复验收标准和矿山公园类治理验收标准 3 类;矿山土地复垦类验收标准包括治理恢复成耕地的验收标准、治理恢复成园地的验收标准、治理恢复成林地的验收标准、治理恢复成牧草地的验收标准、治理恢复成水域的验收标准、治理恢复成建设用地的验收标准、其他等 7 类。

### 7.3.1　矿山地质环境保护类治理恢复验收标准

#### 7.3.1.1　矿山水资源与水环境类治理恢复验收标准

(1)因矿山采矿导致地表水漏失、地下水资源枯竭,对当地群众生活、生产用水及社会经济发展影响较重或严重的地区,须进行水资源的恢复治理。

(2)矿山采空区地面塌陷、地裂缝导致地表水体漏失的地段,已采取了碎石回填夯实、浆砌片石、防渗铺垫、注浆固结等防渗工程措施,其工程治理技术标准符合相关规定。

(3)矿山河床因采空区塌陷变形受损严重,防渗堵漏效果差的地段,已修建了过水渠道或河流改道,其工程治理技术标准符合相关规定。

(4)矿山地表水漏失或矿坑疏排地下水导致地下水位下降,井泉干涸,经采取工程措施后,地表、地下水资源难以恢复的,已修建管网供水或引水渠道供水工程,能够保障当地生活、生产与农田灌溉用水的基本需求。

(5)矿坑水、选矿废水产生的固体废物(废石堆、废渣堆、尾矿库等)淋滤水所含的有毒有害组分或元素对地表水、地下水环境与土石环境造成污染影响较重或严重的地区,已采取有效治理措施。

(6)矿山建设有矿坑水、选矿废水、废石废矿渣堆与尾矿库淋滤水以及生活废水的污水净化处理工程。污水净化处理工程的选址、规模、工艺技术等应符合有关工程设计与施工规范。

(7)矿山已针对废水、废液中不同类型的污染物(重金属污染型、有机质污染型与无机质污染型)采取了物理、化学与生物防治技术进行净化治理,闭路循环利用,未经循环利用的废水、废液经收集和再治理达标后排放,不产生新的环境污染。

(8)矿山已采取有效措施对固体废物中有毒、有害物进行了治理。如对含硫高的废石堆场采用撒放石灰的方法降解废石堆的酸度;对含氰化物废石堆喷撒(洒)漂白粉(液),降解氰化物含量至达标程度;对含铅、锌、汞、砷等有毒有害元素或成分的废石堆,采取覆土深埋及防渗漏措施;对含放射性物质的废石堆,应按国家对放射性防护的要求进行治理。

(9)矿山废石废渣堆场、尾矿库坝等修建有排水沟、引流渠、防渗漏等集排水工程设施,并符合相关要求,防止污水、废液对土石环境与地表水、地下水的污染。

(10)严禁用渗井、废坑、废矿井排放有毒、有害的废水废液,对存放含有毒、有害物质的废水、废液的淋浸池、储存池和沉淀池,必须设置有防水、防渗漏、防流失等设施。

(11)矿山已对尾砂库干涸的沉积滩和固体废物堆场进行治理,消除风蚀扬尘。

(12)矿区内的工业垃圾、生活垃圾的处理已参照《城市生活垃圾焚烧处理工程项目建设标准》(GB WBH002)和《城市生活垃圾卫生填埋技术规范》(CJJ17—2004)的要求采取了相应措施,防止造成二次环境污染。

### 7.3.1.2 矿山植被类治理恢复验收标准

(1)矿山露采场(坑)、露采边坡以及井下开采引起的地面塌陷变形破坏等矿山地质灾害以及矿山废土石、废渣堆、尾矿库区等压占所导致的植被资源破坏,已进行植被的恢复与重建。

(2)矿山受损、压占土地植被的恢复应以选择多样化的当地物种为主,最大限度地发挥其水土保持功能和自我更新能力,确保植被重建的成效,并与当地生态环境相协调。

(3)矿山植被复绿方法选择恰当。斜坡或露采边坡复绿方法的适宜条件应符合表7-1中的要求。

表 7-1　地面斜坡与露采边坡复绿方法的适应条件

| 方法 ＼ 适应条件 | 应用地点 | 边坡状况 | | | | 施工季节 |
|---|---|---|---|---|---|---|
| | | 类型 | 坡率 | 坡高 | 稳定性 | |
| 铺草皮法 | 缓坡 | 土质及强风化边坡 | <1:1 | <10m | 稳定 | 春、秋 |
| 植生带法 | 陡坎、马道、坡面凹陷处 | 土质边坡或人工回填 | 1:1.5～1:1.2 | <10m | 稳定 | 春、秋 |
| 三维植被网法 | 坡面 | 土质及强风化边坡或人工回填 | 1:1.5～1:1.1 | <10m | 稳定 | 春、秋 |
| 香根草篱法 | 缓坡 | 土质边坡 | 1:1.5～1:1.1 | <10m | 稳定 | 春、秋 |
| 挖沟植草法 | 陡坎、马道、坡面凹陷处 | 软质岩边坡 | 1:1.25～1:1.1 | <10m | 稳定 | 春、秋 |
| 土工格室法 | 缓坡 | 岩质边坡 | <1:1 | <10m | 稳定 | 春、秋 |
| 浆砌片石骨架植草法 | 坡面 | 土质及强风化边坡 | 1:1～1:1.5 | <10m | 稳定 | 春、秋 |
| 藤蔓植物法 | 陡坎 | 各类边坡 | >1:0.3 | | 稳定 | 春、秋 |
| 喷混植生法 | 陡坎 | 各类边坡 | | | 稳定 | 春、秋 |
| 客土喷附法 | 陡坎 | 各类边坡 | <1:0.3 | | 稳定 | 春、秋 |
| 液压喷播法 | 陡坎 | 土质边坡或人工回填 | 1:1.5～1:2.0 | <10m | 稳定 | 春、秋 |
| 栽植木本植物法 | 堤坎、坡脚 | 坡脚 | | | 稳定 | 春、秋 |

（4）矿山植被恢复播种后验收分为木本群落类型与草地型,其植被恢复效果验收判断标准见表 7-2。

表 7-2　植被播种后恢复效果判断标准

| 评价 | | 施工 3 个月后的植物生长状态 |
|---|---|---|
| 木本群落类型 | 合格 | 植被率为 30%～50%(木本类 10 株/m²);<br>植被率为 50%～70%(木本类 5 株/m²) |
| | 保留 | 草本覆盖率为 70%～80%,木本类 1 株/m²;<br>到处可见发芽植物,但边坡整体看起来成裸地状,该种情况待 1～2 个月后再观察(如果是在不当时期施工的情况下) |
| | 不合格 | 生长基流失,可预见植物不能顺利生长,需再施工;<br>草本覆盖率超过 90%,压迫木本植物,应剪草后根据情况采取措施 |
| 草地型 | 合格 | 距离边坡 10m 进行观察,边坡整体呈现"绿"的景观,植被率为 70%～80% |
| | 保留 | 发芽超过 10 株/m²,生长迟缓。待 1～2 个月后再观察,或植被率为 50%～70% |
| | 不合格 | 生长基流失,可预见植物不能顺利生长,需再施工,植被率小于 50% |

#### 7.3.1.3　矿山公园类治理验收标准

(1)矿山保存有完好的探、采、选、冶、加工等矿业活动的遗迹、遗址和史迹，并具备游览观赏、科学考察和科普教育的价值。

(2)有配套完善的供水、供电、通风、运输、排水等设施。

(3)矿山公园建设应符合国土资源部颁布的《矿山公园建设标准》。

### 7.3.2　矿山土地复垦类验收标准

#### 7.3.2.1　治理恢复成耕地的验收标准

(1)土层厚度，覆土自然沉实厚度在50cm以上，其中，耕作层厚度不得少于30cm。

(2)场地平整度，用作水田时场地平整度一般不超过3°。

(3)耕作层有机质含量，不得低于当地平均耕作层有机质含量。

(4)土壤的碱度和含盐量，一般耕地pH为6～8，种植水稻的耕地pH可适当放宽，耕作层含盐量不得超过当地轻盐化土壤含盐量标准。

(5)土壤质地为砂壤土至壤土，不能是极端的砂土或黏土。

(6)排灌保障率，水田应在85％以上，一般旱地不小于70％。

#### 7.3.2.2　治理恢复成园地的验收标准

(1)土层厚度，一般园地、岩石或者其他基质层次上的土体自然沉实厚度在60cm以上，表层土厚度在20cm以上。

(2)土地坡度，整理后的园地坡度应小于20°。

(3)土壤酸碱度，一般土壤pH为6～8，根据树种生理特点和地区差异可适当放宽，如茶园pH可放宽到4～5。

(4)土壤质地为砂壤土，不能是极端的砂土或黏土。

(5)排灌保障率，建设有排灌设施，一般园地灌水保障率在75％以上，排水标准要达到十年一遇的旱涝水平。

#### 7.3.2.3　治理恢复成林地的验收标准

(1)土层厚度，速生林覆土自然沉实厚度一般应在60cm以上，其他林地土层厚度可适当放宽。

(2)土壤酸碱度及地形坡度，应适合相应树种的生长。

(3)复垦林地造林成活率，应大于造林株数的40％，3年后达到70％以上。

(4)林地治理恢复的其他指标可参照执行《森林土壤测定方法》[GB78(30～

92)-1987]、《造林技术规程》(GB/T15776-2006)等相关标准。

### 7.3.2.4 治理恢复成牧草地的验收标准

(1)复垦牧草地应适于种植当地中等品质以上的牧草,且平均单位产量达到当地草地平均产草量。

(2)部分浅采场覆土自然沉实土壤厚度在 50cm 以上,场地平整坡度小于 25°。

(3)排土(石)场用于牧草地时,内排台阶稳定后,覆土厚度在 20cm 以上,边坡坡度小于 30°。

(4)废石堆中易风化类型覆土厚度在 30cm 以上,不易风化类型覆土厚度在 50cm 以上。

(5)尾矿库、储灰场用作牧草地的一般覆土厚度在 50cm 以上。

(6)建设有牲畜可饮水设施,水源保证率为 100%。

### 7.3.2.5 治理恢复成水域的验收标准

(1)适于水域开发(包括养殖水域、景观水域、娱乐水域、水库及山塘水域等)的露采坑与地面沉陷区已进行防渗漏工程处理,确保蓄水不渗漏。

(2)开发水域水质应达到相应用途的水质标准,用于景观、娱乐水域水质应符合《景观娱乐用水水质标准》(GB12941-1991)的要求;用作养殖水面的要达到当地水面养殖用水的基本条件,其水质要达到《渔业水质标准》(GB11607-1989)所规定的限制指标;用作灌溉的水质应符合《农田灌溉水质标准》(GB5084-2005)的要求;用于人畜饮用水的水质应符合《地表水环境质量标准》(GB3838-2002)三类水质要求。

(3)蓄水场区及周边的有毒有害或放射性污染源已进行清除,不会对蓄水区水质造成污染。

(4)蓄水场区应修建有规范的防洪设施,并符合相关技术要求,不会产生水害危及周边环境。

(5)蓄水区有充足的水源,能够满足蓄水、养殖等需求。

(6)多用途水域开发应符合当地城镇或乡镇规划,并与周围环境协调一致。

### 7.3.2.6 治理恢复成建设用地的验收标准

(1)露天采场建设用地,边坡稳定或失稳边坡经工程治理后坡比合适,不存在崩塌、滑坡及危岩灾害隐患,场区稳定,不存在地面塌陷。

（2）塌（沉）陷区建设用地,采空区已经治理,经监测证实基本达到稳定,根据建（构）筑物防护等级地面变形满足基本稳定性要求。

（3）固体废物堆场建设用地,具备 3 年以上的自然沉实过程或植被稳定措施,或采取人工处置等技术措施,经监测,场地稳定性符合相关技术标准。

（4）建设用地基建标高符合当地防洪标准,满足防洪和排涝要求。

（5）对开发整理建设用地的回填土进行分层夯实,其密实度已达到相应建设用地的要求,填料中无淤泥、膨胀土及有机质含量大于 8% 的物料。

（6）存在重金属污染、酸碱污染和放射性污染的场地,没有消除污染危害前不能作为民用建筑用地。

（7）矿山露采场（坑）、采矿地面塌（沉）陷区、固体废物堆场等开发整理为建设用地时,其土地条件要达到《城市建设用地分类与规划建设用地标准》（GB137－1990）和《村镇规划标准》（GB50188－1993）所规定的限制指标。

### 7.3.2.7　其他

（1）矿山废土石、废矿渣堆场（区）与尾矿（砂、泥）库（区）的重金属、氰化物、酸碱或放射性污染较重或严重的,土地整治恢复用作耕地、园地、牧草地、多用途水域以及建设用地时,必须采取有效措施设置防污染隔离层或清除污染源,其中,对放射性污染的治理尚须符合国家放射性防护的相关要求。

（2）采矿活动过程中因地表直接挖损（采矿、采石、采砂、取土等）、地下采矿与抽排地下水引起的地面塌陷破坏和矿山采、选（包括再次回收选矿）排放的固体废物［废土石、煤矸石、尾矿（砂、泥）等］压占、污染的土地,均应进行土地复垦,使其恢复到可供重新利用的状态。

（3）矿山土地复垦整治的标准应符合 1988 年 10 月 21 日国务院第二十二次常务会通过的《土地复垦规定》和《土地复垦技术标准（试行）》（UDC-TD）。

## 7.4　安徽省淮南泉大煤炭资源枯竭矿区生态环境治理技术规程

矿产资源是国民经济和社会发展重要的物质基础,关系到国民经济和社会发展的各个领域。新中国成立以来,矿产资源开发为安徽省经济社会发展做出了重大贡献。

矿产资源开发促进了经济的发展和社会的进步,但也引发了地表沉陷、植被破坏、地下水下降、水土流失等生态问题,有的地区甚至出现了因矿产资源开发引起的生态难民现象,严重影响矿区和周边地区群众的生产生活和经济社会的可持续发展。长期以来,在重资源开发与经济发展、轻生态环境保护的思想支配下,矿区森林和林地不断受到破坏和侵占,森林覆盖率下降,生物多样性降低。

为了恢复重建矿区良好的生态环境,保障国土生态安全,促进区域经济社会可持续发展,构建和谐社会,淮南矿业集团主动融入城市发展,承担社会责任,对资源枯竭矿的环境进行治理和修复,恢复与重建受破坏的森林生态系统,充分发挥林草植被的多功能和多效益,基本遏制了水土流失,使生态系统向良性循环方向发展。同时,通过修复与适度开发,提高矿区植被覆盖率和质量,使"城市荒地"恢复自然,重新焕发生机和活力,并使之成为城市发展的亮点。泉大资源枯竭矿区的修复与开发,遵循中医调理式的技术路线,返璞归真,回归自然,充分尊重环境的自恢复能力,通过环境景观建设、城市基础设施建设、棚户区改造和商住开发,明显改善矿区生态状况和人居环境,把该区域打造成服务市民的自然生态区,把"城市荒地"变成以"山、水、林、居"为特征的城市生态区和最佳宜居区,为淮南造"绿肺",为市民造"绿城"。

淮南泉大资源枯竭矿区修复工程实践区可分为 4 个典型类型:大通煤矿资源枯竭矿区复合生态系统修复工程区;舜耕山森林生态系统修复工程区;洞山城市森林生态系统修复工程区;老龙眼湿地生态系统修复工程区。

本节重点以大通煤矿资源枯竭矿区复合生态系统修复为例,在野外现场大量考察和调查的基础上,结合淮南矿业集团提供的资料,进行深入分析,归纳总结出安徽淮南泉大资源枯竭煤矿区生态环境治理技术规程。

根据生态环境治理技术体系特点,将煤炭资源枯竭矿区生态环境治理技术规程分为煤矸石填充复垦区植物多样性重建技术规程和验收技术规程 2 个部分。

煤矸石填充复垦区植物多样性重建技术规程和验收技术规程可用于两淮煤矿生态环境治理恢复的指导,以及两淮煤矿生态环境治理恢复合格程度的考核和验收。

### 7.4.1　煤矸石填充复垦区植物多样性重建技术规程

煤矸石填充复垦区植物多样性重建技术规程包括煤矸石填充复垦技术规程、采空沉陷湿地植被修复技术规程、采空沉陷区边坡植被修复技术规程和采空沉陷区缓坡植被修复技术规程等 4 类。

### 7.4.1.1　煤矸石填充复垦技术规程

(1)该技术规程用于复垦煤矿沉陷区,构建植物多样性。采煤沉陷废弃矿区不仅有大量遗留的煤矸石堆,还有采煤沉陷坑和裸露的地表。根据景观设计需要,直接将该废弃矿区遗留的厚度不同的煤矸石堆进行人工转移和填充,以构建采空沉陷湿地植被修复所需的基底、采空沉陷边坡植被修复所需的基底和采空沉陷缓坡植被修复所需的基底。

(2)煤矸石层、土层以及植被层的构建。该修复技术采用的方法基本为在煤矸石上覆盖不同厚度的土层,再进行植被种植。该技术大大减少了时间和人力的消耗,具有结构简单、工程量小、操作管理方便、植被多样性和存活率高等特点。煤矸石层位于煤矿沉陷区上部,土层位于煤矸石层上部,植被层位于土层上部。

(3)煤矸石填充复垦为湿地植被修复所需的基底。利用遗留的煤矸石堆将原废弃矿区沉陷的深坑复垦为适合芦苇等湿生植物生长所需的湿地,煤矸石上覆盖 10～20cm 厚的土层。

(4)煤矸石填充复垦为边坡植被修复所需的基底。利用遗留的煤矸石将废弃矿区沉陷深坑周围坡度大于 40°裸露的坡面进行适当的人工平整,复垦为坡度约 30°的边坡,煤矸石上覆盖 50cm 厚的土层。若坡度为 30°左右,可不对其进行较多的人为降低坡度和土地平整处理,而是直接在煤矸石层上覆土 50cm 左右厚。边坡以适合种植乔木和灌木为主。

(5)煤矸石填充复垦为缓坡植被修复所需的基底。用遗留的煤矸石将废弃矿区沉陷坑周围裸露的坡面进行适当的人工平整,复垦为 10°左右的坡面。根据景观设计和植物生长特性,在缓坡上设计生物岛与扩散地 2 种景观。生态岛直径约为 10m,覆土厚度约为 80cm,上面种植乔木和灌木树种;扩散地覆土较薄,厚度约为 10cm,上面种植草本植物。生物岛与扩散地的面积比为 1∶1.5,在生物岛与扩散地之间,每隔 4m 挖 1m×1m×1m 坑进行树穴换土,种植乔木树种。

### 7.4.1.2　采空沉陷湿地植被修复技术规程

(1)采空沉陷湿地植被修复区位于沉陷区地势最低处,面积最大可达 20000m²。

(2)采空沉陷湿地植被修复区与人工生物塘澄清池相连,对生物塘中未处理过的煤矸石渗漏液进行再处理,以吸收初次处理中未处理干净的渗漏液。经过沉陷湿地植被进一步净化过的水质要达到《农田灌溉水质标准》(GB5084-2005)所规定的限制指标。

(3)采空沉陷湿地植被恢复与造景。植被以芦苇为绝对优势种,在沉陷湿地区域,春季种植高20～30cm的芦苇湿生苗,行距和间距均为50cm。全面积的95%以上区域种植芦苇,边缘5%的区域种植芦竹和垂柳,增加水生花卉植物品种,丰富植物群落,提高生物多样性,构筑纯自然、原生态的绿化景观。在修复期间,应保留湿地附近山坡原有的麻栎林作为自然景观,并结合周围原有山坡的乔木植物群落、生境和水体肌理进行规划,将湿地融入生态系统。

### 7.4.1.3　采空沉陷区边坡植被修复技术规程

(1)采空沉陷区边坡植被修复区位于沉陷湿地周围,边坡为经人工改造过的坡度约30°的斜坡。若坡度大于40°,用煤矸石调整坡度至30°,以降低坡度,采用表土剥离法,直接回填到煤矸石基底上。

(2)树种规划技术。树种规划是采煤矿区废弃地生态恢复的重要内容。树种选择和规划的优劣直接关系到景观重建工程的成败。树种选择应以乡土树种为主,满足"适地适植物"或"适地适树"这一森林培育学的基本原则,适当选用经过多年引种和驯化的外来植物品种,增加植物和景观的多样性。在树种选择上坚持"水土保持与土壤快速改良"原则。

(3)培育乔木林,种植水杉。在30m×30m见方面积内,间距和行距平均每隔2.5m种植1棵水杉,其间种植灌木三角枫苗和朴树苗。

(4)培育乔木林,种植侧柏。在10m×10m见方面积内,间距和行距平均每隔5m种植1棵侧柏;间距和行距平均每相隔3m种植1棵合欢,其间种植乔木构树苗和刺槐苗。

(5)培育乔木林,种植乌桕。在10m×10m见方面积内,间距和行距平均每隔4m种植1棵乌桕,其间种植灌木石楠和桂花、草本植物土麦冬。

(6)培育乔木林,种植麻栎。在10m×10m见方面积内,间距和行距平均每隔3m种植1棵麻栎;间距和行距平均每相隔4m种植1棵刺槐。

(7)培育乔木林,种植全缘叶栾树。在10m×10m见方面积内,间距和行距平均每隔2.5m种植1棵全缘叶栾树,其间种植乔木榆树苗和三角枫苗。

(8)培育乔木林,种植刺槐。在10m×10m见方面积内,间距和行距平均每隔3.5m种植1棵刺槐,其间种植灌木粉团蔷薇以及草本植物中华结缕草。

#### 7.4.1.4 采空沉陷区缓坡植被修复技术规程

(1)采空沉陷区缓坡植被修复区位于沉陷湿地周围,缓坡为经人工改造过的坡度约10°的坡面。坡度大于20°时,用煤矸石调整坡度至10°,以降低坡度,采用表土剥离法,直接回填到煤矸石基底上。

(2)缓坡的坡面上设置有生物岛和扩散地,生物岛中以乔木群落为主,扩散地以草本植物为主,除了能保持水土外,还可保证植物的生物多样性,形成固定群落植被。

(3)生物岛直径一般为10m左右,呈圆形,覆土较厚,一般为80cm。

(4)生物岛内培育落叶阔叶林,种植全缘叶栾树。在10m×10m见方面积内,间距和行距平均每隔3m种植1棵全缘叶栾树;在生物岛内平均分布种植苦楝2棵,女贞2棵,刺槐2棵,其间种植草本植物白车轴草。

(5)生物岛内以培育落叶阔叶林为主,种植构树。在10m×10m见方面积内,间距和行距平均每隔4m种植1棵构树;在生物岛内平均分布种植常绿树种香樟1棵,全缘叶栾树2棵,灌木三角枫苗8棵,其间种植草本植物白车轴草。

(6)生物岛内以培育落叶阔叶林为主,种植三角枫。在10m×10m见方面积内,间距和行距平均每隔2m种植1棵三角枫;在生物岛内平均分布种植山合欢4棵,常绿树种香樟2棵,垂丝海棠4棵,其间种植草本植物麦冬。

(7)生物岛内培育常绿落叶阔叶混交林,种植女贞和其他落叶树种。女贞群落的生物岛需特别建立,直径为30m,行距和间距平均每隔8m种植1棵,生物岛内平均分布种植苦楝7棵,香樟3棵,桂花6棵,梧桐2棵;间距和行距平均每隔6m种植灌木海桐1棵,其间种植草本植物狗牙根。

(8)生物岛之间相隔约15m,两生物岛之间为扩散地,生物岛与扩散地的面积比为1:1.5。在扩散地区域内,在已经覆盖好的煤矸石上覆土约10cm,种植本地草本植物中华结缕草草皮,草皮大小为30cm×30cm,间距和行距为30cm左右。

(9)在扩散地区域内,间距和行距为每隔约4m挖1m×1m×1m坑,进行树穴换土,种植乔木树种香樟、玉兰、臭椿、榆树和朴树。

#### 7.4.2 煤矸石填充复垦区植物多样性验收技术规程

煤矸石填充复垦区植物多样性验收技术规程包括治理恢复成人工生物塘植被的验收标准、治理恢复成沉陷湿地植被的验收标准、治理恢复成沉陷区边坡植被的验收标准和治理恢复成沉陷区缓坡植被的验收标准4类。

该单元复合生态系统修复工程区建设包括人工生物塘植被—沉陷湿地植被—沉陷区边坡植被—沉陷区缓坡植被生态工程联合修复,将该单元建设成为集生态旅游观光及生态修复技术示范基地于一体的生态景观。

### 7.4.2.1　人工生物塘植被的验收标准

(1)人工生物塘构建及工艺流程。"人工生物塘"是一种利用天然净化能力对污水进行处理的构筑物的总称,是位于污水排放的上游区域的一种生物治理系统。该系统分为2部分:第一部分,收集池直接收集上游污水,通过物理化学和生物方式处理;第二部分,在收集池周边地区进行植被种植。在处理中为防止污水进一步扩散,必须同时完善渗出液的收集系统,其中,对渗出液进行收集处理,包括明渠收集等,通过降低渗出液浓度,使流入沉降坑的水体达到要求的标准。

修复区的污水处理采用生物处理和物理化学法相结合的方法。其工艺流程如下:

$$渗出液 \rightarrow 调节池 \xrightarrow{\text{氧气}} 混合池 \rightarrow 澄清池 \rightarrow 出水$$
$$\downarrow$$
$$泥渣$$

工艺流程中各步骤的作用说明如下:

调节池:用于调节渗出液的水质水量。在调节池中装曝气装置,向调节池内注入氧气,使气体与渗出液充分接触,使水中溶解的氨氮穿过气液界面,向气相转移,从而达到吹脱氨氮的作用。对于调节池,根据水质和水量可以设置单独收集池收集,或分别设置水质调节池和水量调节池,对污水的水质、水量、pH、水温等进行处理。同时,利用微生物的新陈代谢去除部分的BOD,进入曝气池体中的污水在有氧环境中,与池中微生物形成微生物生物圈,利用微生物对池体污水的生物降解净化作用,达到污水治理的目的,实现水质净化和水质的改善。曝气后的渗出液进入混合池。

混合池:用于渗出液的混合反应。通过在池内加入混凝剂并搅拌,使渗出液与混凝剂充分反应,然后进入澄清池。污水处理的第一种方法是酸碱中和,此方法被认为是废水处理中最低要求之一;第二种方法是絮凝法,加入镁盐凝聚剂、铝盐凝聚剂、聚铁絮凝剂,还可利用芬顿高级氧化法($Fe_2 + H_2O_2$)、臭氧、$CO_2$、

$ClO_2$ 等氧化的方法降低 COD 和色度；第三种方法是化学沉底法，$CuO$、$Al_2O_3$、$Fe_2O_3$、$SiO_2$ 可与污水反应，形成沉淀，可去除有机物、色素和 COD。此外，还可以加入铁屑、粉煤灰形成原电池，降解污染物。

澄清池：用于分离污染物。进入澄清池的混合物相互碰撞，形成絮凝，和水分离，从而去除水中的大部分悬浮物和 COD，降低色度，使水澄清。

在混合池和澄清池中，由于部分污染物质在物理化学及生物方法下形成了沉淀，可把池底修筑成 V 形，以容纳沉淀物而不影响水池的容积和池中水的流速。对 V 形池中的沉淀物定期处理，沉淀物也可再利用。

由于处理过程比较简单，故处理结果不一定能达到直接进入湿地的要求。为进一步净化水体，需在人工生物塘附近种植植被，吸收部分污染物。

(2)人工生物塘附近工具物种栽培及植被构建。污水中的主要化学污染物是重金属离子和矿石浮选时使用的各种有机和无机浮选药剂，此外，还含有钠、镁、钙等的硫酸盐，氯化物或氢氧化物，以及不溶解的分散杂质。收集池对污水的初步处理，并不能保证排出的水体达到排放标准，此时，需要在生物塘周围栽培工具物种，构建植被。

植被种植层结构：第一层在化学垃圾上覆盖煤矸石；第二层在煤矸石层上覆盖土层；第三层种植植被，主要选择滞污能力较强的水生植物。

工具物种：芦竹，辅以芦苇。

### 7.4.2.2 沉陷湿地植被的验收标准

(1)土层厚度，覆土自然沉实厚度在 10cm 以上，其中，水生植物定植层厚度不得少于 20cm。

(2)工具物种的配置。植物是湿地生态系统的基本构成要素和景观视觉的重要因素。工具物种应以乡土植物为主，如芦苇、芦竹和水烛等挺水植物。同时，注意植物种类的多样性；注意布置主次分明，高低错落；注意形态、叶色、花色等搭配协调。在湿地内按照从浅到深的顺序，依次种植挺水植物、浮叶植物和沉水植物。

(3)复垦成湿地 1 年后，湿地内水生植被覆盖率为 80%～90%，芦苇实生苗达到 80 株/$m^2$。

### 7.4.2.3 沉陷区边坡植被的验收标准

(1)土层厚度，覆土自然沉实厚度在 50cm 以上，以适应乔木植物定植生长。

（2）工具物种的配置应以乡土植物为主，如乔木树种水杉、侧柏、乌桕、麻栎、全缘叶栾树、刺槐、朴树和臭椿；灌木树种紫穗槐、石楠、桂花和粉团蔷薇；草本植物狗牙根、中华结缕草和麦冬。

（3）复垦成边坡 2 年后，边坡木本植物覆盖率为 70%～80%，木本植物达到 10 株/m²。

#### 7.4.2.4　沉陷区缓坡植被的验收标准

（1）土层厚度，扩散地覆土自然沉实厚度在 10cm 以上，以适应草本植物生长；生物岛覆土自然沉实厚度在 80cm 以上，以适应乔木植物定植。

（2）植被配置。采用常绿阔叶林、常绿落叶阔叶混交林、针叶林以及落叶阔叶林，乔、灌、草混植，力求达到立体绿化的效果。每个群落中既有人工培育的树种，也有本地生长的野生树种，保证存活率，并且物种应多样。随着时间推移，人工林逐渐演替为自然林，从而形成稳定的自然植被生态系统。植被配置应以乡土植物为主，如落叶阔叶树种臭椿、苦楝、梧桐、全缘叶栾树、三角枫、山合欢、玉兰和槐；常绿阔叶树种女贞、香樟、石楠和玉兰；灌木植物垂丝海棠、海桐和桂花；草本植物中华结缕草、狗牙根和白车轴草。

（3）复垦成缓边坡 2 年后，缓坡木本植物覆盖率为 70%～80%，木本植物达到 10 株/m²。

（4）生物岛内种植乔木 4～6 株，灌木 6～8 株，种植岛的表层土壤来自作为土壤种子库的表土，能萌发出较多的乡土植物。

（5）生物岛与周围扩散区面积比为 1:1.5，周围扩散区土层较薄，约为 10cm，植被以草本植物为主，种植有芦苇、狗牙根、结缕草和白茅。

（6）煤矿资源枯竭矿区复合生态系统修复 3 年后，经过自然演替，生物多样性较高。

主要乔木物种：侧柏、水杉、银杏、刺槐、山合欢、玉兰、枇杷、柳树、榆树、全缘叶栾树、无患子、麻栎、苦楝、构树、女贞、桑树、香樟、臭椿、三角枫、重阳木、乌桕、构树、毛泡桐、法国梧桐、梧桐等。

主要灌木物种：紫薇、凌霄、紫穗槐、胡枝子、紫荆、火棘、石楠、海桐、夹竹桃、茅莓、忍冬、柘树、南酸枣、青灰叶下珠、结香、黄荆、大叶黄杨、通脱木、鸡爪槭、南天竹、扶芳藤、南蛇藤、枸杞等。

主要草本植物：茴茴蒜、大花威灵仙、毛茛、乌蔹莓、牛膝菊、喜旱莲子草、反

枝苋、葎草、酢浆草、泽漆、乳浆大戟、老鹳草、风花菜、荠菜、灰绿藜、萹蓄、酸模叶
蓼、羊蹄、齿果酸模、长刺酸模、蛇莓、朝天委陵菜、宽蕊地榆、望江南、田菁、草木
犀、绿豆、救荒野豌豆、白车轴草、广布野豌豆、苘麻、蜀葵、益母草、婆婆纳、龙葵、
茜草、芝麻、豚草、苍耳、马兰、一枝黄花、加拿大一枝黄花、苦苣菜、小飞蓬、一年
蓬、刺儿菜、钻叶紫菀、天名精、桃叶鸦葱、红足蒿、蒙古蒿、苦荬菜、剪刀股、窃衣、
野胡萝卜、中华结缕草、狗牙根、狗尾草、双穗雀稗、芦竹、鹅观草、长芒草、荩草、
棒头草、雀麦、黄背草、白茅、黄花菜、直立百部、长尖莎草、鸭跖草等。

主要水生植物：浮萍、野菱、穗状狐尾藻、金鱼藻、菹草、芦竹、芦苇、水烛等。

### 7.4.3 安徽淮南泉大资源枯竭矿区湿地植被恢复评价指标体系

对淮南市舜耕山自然植被和大通湿地人工恢复植被进行了系统调查，其中，
舜耕山调查了9个植物群落样方，大通湿地调查了27个植物群落样方。根据大
通湿地人工恢复植被样方调查结果，结合舜耕山自然植被调查的数据，研究并确
定以下湿地植被恢复评价指标体系。

本指标体系包括煤矸石填充技术、采空塌陷湿地植被修复技术、边坡植被修
复技术和缓坡植被修复技术4个主要部分，可以配合各种沉陷区的实际情况进
行植被重构。煤矸石填充方法不仅可以利用采煤产生的煤矸石，减少煤矸石对
环境的污染，还可以将煤矸石作为植物种植基地，一举两得。

首先，修复区植被根据地形分为3种类型，即湿地植被、边坡植被和缓坡植
被，其中，缓坡上要开辟生物岛和扩散地。植被种植包括常绿阔叶树群落、常绿
落叶阔叶树群落以及落叶阔叶树群落。每个群落中有人工种植的乔木和灌木，
物种选择以本地树种和常见绿化树种为主，确保存活率，且物种应多样。随着时
间推移，人工林可以逐渐进化成自然林，从而增加景观多样性。

采空塌陷湿地植被修复技术的特征是，所述的采空塌陷湿地中，煤矸石上覆
盖10cm厚土层，种植芦苇湿生苗，确保湿地植被中以芦苇群落占绝对优势。

边坡植被修复技术的特征是，所述边坡为坡度20°～30°的坡面。若坡度为
30°左右，可不对其进行较多的人为降低坡度和土地平整处理，而是直接在煤矸
石层上覆土50cm；若坡度大于40°，可进行适当的人工平整土地。边坡要分
2层，边坡上层以种植乔木为主，下层(坡脚)以种植灌木为主。

缓坡植被修复技术的特征是，所述的缓坡为坡度5°～10°的坡面。缓坡上分
布生物岛与扩散地，生物岛直径约为10m，覆土厚度约为80cm，扩散地覆土较

薄,厚度约为 20cm。生物岛以种植乔木为主,扩散地以种植草本植物为主。

其次,修复区具体的植被修复实施方案可以分为 3 个部分,即采空塌陷湿地植被修复、边坡植被修复和缓坡植被修复。修复周期为 8 年。

采空塌陷湿地植被修复:先用煤矸石进行填充,再在煤矸石上覆土 10～20cm。植被种植以芦苇占绝对优势,在沉陷湿地区域,春季种植 20～30cm 高的芦苇湿生苗,行距和间距均为 50cm 左右。全面积的 95％以上种植芦苇,边缘 5％的区域种植芦竹。

边坡植被修复:所述的边坡为坡度 20°～30°的坡面,直接覆煤矸石,使之平整,成为有规律的坡,再覆土约 50cm 厚。种植乔木和灌木。

①女贞群落:在边坡下层(坡脚)15m×20m 见方面积内,间距和行距平均每相隔 1m 种植 1 棵女贞。经过修复周期后,植被盖度为 90％。

②紫穗槐群落:在边坡下层(坡脚)15m×30m 见方面积内,间距和行距平均每相隔 1m 种植 1 棵紫穗槐。经过修复周期后,植被盖度为 80％。

③侧柏群落:在边坡下层(坡脚)10m×20m 见方面积内,间距和行距平均每隔 3m 种植 1 棵侧柏,其边缘平均分布种植臭椿 5 棵。经过修复周期后,植被盖度为 80％,侧柏的胸径为 0.08m,树高约为 7m,冠幅直径为 2m;臭椿的胸径为 0.22m,树高约为 7m,冠幅直径为 4.2m。

④火棘群落:在边坡下层(坡脚)7m×10m 见方面积内,间距和行距平均每隔1.5m种植 1 棵火棘,分 4 层种植,每层 6 棵。经过修复周期后,植被盖度为 90％,火棘的树高约为 2m。

⑤合欢—日本珊瑚树阔叶落叶树群落:在边坡上层 15m×30m 见方面积内,间距和行距每隔 4m 种植 1 棵,其中,在 7m×10m 见方面积内,间距和行距平均每隔 1m 种植日本珊瑚树 1 棵,或在 7m×10m 见方面积内,间距和行距平均每隔 1m 种植海桐 1 棵,或在 7m×10m 见方面积内,间距和行距平均每隔 1m 种植大叶黄杨 1 棵。经过修复周期后,植被盖度为 90％,合欢的胸径为 0.17m,树高约为 8m,冠幅直径为 5.1m。

⑥蚊母群落:在坡顶直径为 10m 的圆形区域内,间距和行距平均每隔 1m 种植 1 棵蚊母树。经过修复周期后,植被盖度为 90％,蚊母树的树高为 3m 左右。

⑦木芙蓉群落:在坡顶直径为 10m 的圆形区域内,木芙蓉平均每隔 3m 种植 1 排,每排 10 棵。经过修复周期后,植被盖度为 90％,木芙蓉的树高约为 2m。

⑧刺槐群落：在20m×20m见方面积内，间距和行距平均每隔4m种植1棵刺槐；在生物岛内均匀种植苦楝6棵；种植草本植物中华结缕草。经过修复周期后，植被盖度为90%，刺槐的胸径为0.15m，树高约为8m，冠幅直径为5.4m。

⑨水杉群落：间距和行距每隔2m有1棵水杉。群落盖度为90%，平均胸径为0.22m，平均树高为23m，平均冠幅直径为4m。

⑩麻栎群落：在10m×10m见方面积内种植22棵麻栎。群落盖度为90%，平均胸径为0.26m，平均树高为21m，平均冠幅直径为7.6m。

缓坡植被修复：所述的缓坡为坡度5°~10°的斜坡，先在缓坡上填充煤矸石，再直接开辟生物岛。生物岛直径一般为10~20m，呈圆形或方形，覆土较厚，一般为80cm。种植乔木。

①全缘叶栾树+苦楝落叶阔叶树群落：在10m×15m见方面积的生物岛内，间距和行距平均每隔3m种1棵全缘叶栾树；在生物岛内平均分布种植苦楝4棵，生物岛中心种植石楠2棵，生物岛边缘种植合欢2棵、桂花2棵；种植草本植物马尼拉草。经过修复周期后，生物岛植被盖度为90%，全缘叶栾树的胸径为0.1m，树高为7m，冠幅直径为3.8m；苦楝的胸径为0.18m，树高约为7m，冠幅直径为5.5m。

②女贞+全缘叶栾树常绿、落叶阔叶树群落：在15m×20m见方面积的生物岛内，间距和行距平均每隔3m种植1棵女贞；在生物岛内平均分布种植全缘叶栾树3棵、荷花玉兰3棵、石楠3棵；种植草本植物狗牙根。经过修复周期后，生物岛植被盖度为90%，女贞的胸径为0.11m，树高为5.5m，冠幅直径为3.5m；全缘叶栾树的胸径为0.11m，树高为6.8m，冠幅直径为3.8m。

③女贞+苦楝常绿、落叶阔叶树群落：在5m×20m见方面积的生物岛内，间距和行距平均每隔2.5m种植1棵女贞；生物岛内平均分布种植苦楝8棵；种植草本植物马尼拉草。经过修复周期后，生物岛植被盖度为90%，女贞的胸径为0.14m，树高约为7m，冠幅直径为3.9m；苦楝的胸径为0.26m，树高约为8m，冠幅直径为7.3m。

④香樟+全缘叶栾树常绿、落叶阔叶树群落：在25m×25m见方面积的生物岛内，间距和行距平均每隔6m种植1棵香樟，间距和行距平均每隔6m种植1棵全缘叶栾树；在生物岛内平均分布种植桂花9棵；种植草本植物狗牙根。经过修复周期后，生物岛植被盖度为90%，香樟的胸径为0.22m，树高为8.5m，冠幅

直径为7m;全缘叶栾树的胸径为0.11m,树高为7m,冠幅直径为3.6m。

⑤香樟—桂花常绿阔叶树群落:在10m×15m见方面积的生物岛内,间距和行距平均每隔5m种植1棵女贞,间距和行距平均每隔5m种植1棵桂花;在生物岛内平均分布种植石楠3棵;种植草本植物中华结缕草。经过修复周期后,生物岛植被盖度为90%,香樟的胸径为0.18m,树高约为8m,冠幅直径约为5m;桂花的树高约为3m,冠幅直径为2.6m。

⑥全缘叶栾树群落:在10m×20m见方面积的生物岛内,间距和行距平均每隔3.5m种植1棵全缘叶栾树;种植草本植物中华结缕草。经过修复周期后,生物岛植被盖度为90%,全缘叶栾树的胸径为0.17m,树高为8.5m,冠幅直径为6m。

⑦香樟—海桐常绿阔叶树群落:在25m×25m见方面积的生物岛内,在生物岛内平均分布种植香樟6棵;间距和行距每隔3m种植1棵海桐;种植草本植物马尼拉草。经过修复周期后,生物岛植被盖度为90%,海桐的树高为1.7m,冠幅直径为2.8m;香樟的胸径为0.17m,树高约为8m,冠幅直径为4.7m。

⑧女贞—石楠常绿阔叶树群落:在15m×15m见方面积的生物岛内,间距和行距每隔4m种植1棵女贞;在生物岛内平均分布种植石楠3棵、海桐3棵、桂花3棵;种植草本植物马尼拉草。经过修复周期后,生物岛植被盖度为90%,女贞的胸径为0.14m,树高约为7m,冠幅直径为4.8m;石楠的树高为3m,冠幅直径为3m。

⑨女贞+梧桐+苦楝常绿、落叶阔叶树群落:在10m×10m见方面积的生物岛内,间距和行距平均每隔4m种植1棵女贞;生物岛内平均分布种植梧桐3棵、苦楝3棵;种植草本植物马尼拉草。经过修复周期后,生物岛植被盖度为90%,女贞的胸径为0.14m,树高约为7m,冠幅直径为3.9m;梧桐的胸径为0.18m,树高为8.6m,冠幅直径为6.2m;苦楝的胸径为0.19m,树高为9m,冠幅直径为8.2m。

⑩南酸枣群落:在25m×25m见方面积的生物岛内,间距和行距平均每隔4m种植1棵南酸枣;种植灌木忍冬和常春藤。经过修复周期后,生物岛植被盖度为90%,南酸枣的胸径为0.13m,树高为8.5m,冠幅直径为5.8m。

此处土层较为深厚,植被可以良好生长,物种多样性较高。生物岛之间相隔15m,两生物岛之间为扩散地,生物岛与扩散地的面积比为1:1.5。在扩散地区域内,在已经覆盖好的煤矸石上覆土约10cm,种植本地草本植物中华结缕草草皮,草皮大小为 30cm×30cm,间距和行距约为 30cm。在扩散地中间,平均每 10m 选一块5m×5m见方面积的生物岛种植灌木,可种植石楠 3 棵或牡荆 3 棵。

最后,在种植修复区的植被时,虽然每个种植区植被种类不多,但是经过一段时间的生长,流水和风等自然力量可携带部分种子到其他种植区,使其他种植区也能生长当时没有种植的植物。种植 2 年后,生物多样性增加,物种从单一到多种,自然演替形成,可达到预期标准,使 3 个修复区除独立生长外,还与其他区域有联系,形成一个修复整体。待植被种植结束一段时间后,植被生长稳定,可明显发现,该区的空气质量明显变好,雨水直接冲刷地表的现象基本消失,生物多样性和植被成活率明显提高。修复后的沉陷区不仅可以改善环境,保持物种多样性,还可以成为市民休闲娱乐的场所。

## 7.5 小结

生态修复和验收指标体系综合反映了资源枯竭矿区生态修复重建的理论、技术研究及实践的成果;分析了矿区生态环境修复的必要性、矿区生态环境修复的概念,探讨了矿区生态修复重建的理论,包括矿区生态环境修复的战略和综合技术体系;介绍了国外资源枯竭矿区生态修复指标体系、我国矿山生态环境保护与恢复治理技术规范、我国资源枯竭矿区土地复垦与生态重建技术指标体系和安徽省矿山地质环境治理恢复验收标准。

淮南泉大资源枯竭矿区修复工程实践区可分为 4 个典型类型:大通煤矿资源枯竭矿区复合生态系统修复工程区;舜耕山森林生态系统修复工程区;洞山城市森林生态系统修复工程区;老龙眼湿地生态系统修复工程区。

本章重点以大通煤矿资源枯竭矿区复合生态系统修复为例,在野外大量的现场考察和调查的基础上,结合淮南矿业集团提供的资料,进行深入分析,归纳总结出安徽省淮南泉大资源枯竭煤矿区生态环境治理技术规程。

根据两淮煤矿生态环境治理技术体系特点,将煤炭资源枯竭矿区生态环境治理技术规程分为煤矸石填充复垦区植物多样性重建技术规程和验收技术规程 2 个部分。

煤矸石填充复垦区植物多样性重建技术规程和验收技术规程可用于两淮煤矿生态环境治理恢复的指导,以及两淮煤矿生态环境治理恢复合格程度的考核和验收。

　　煤矸石填充复垦区植物多样性构建技术规程包括煤矸石填充复垦技术规程、采空沉陷湿地植被修复技术规程、采空沉陷区边坡植被修复技术规程和采空沉陷区缓坡植被修复技术规程 4 类。

　　煤矸石填充复垦区植物多样性验收技术规程包括治理恢复成人工生物塘植被的验收标准、治理恢复成沉陷湿地植被的验收标准、治理恢复成沉陷区边坡植被的验收标准和治理恢复成沉陷区缓坡植被的验收标准 4 类。

　　安徽省淮南泉大资源枯竭矿区湿地植被恢复评价指标体系由采空塌陷湿地植被修复、边坡植被修复和缓坡植被修复 3 个部分组成。

# 第8章
# 资源枯竭矿区生态修复相关政策研究

　　随着我国人口的不断增加,经济总量仍将继续增长,资源、能源的消耗也将随之暴增,矿区生态修复所面临的压力越来越大,这也或将成为我国全面建设小康社会的瓶颈。基于此,国内矿区生态修复问题引起了政策上更高的重视度,实现开发环保并重,很好解决矿区生态破坏与修复的矛盾,加快矿区土地复垦及修复的速度。目前,矿区生态修复的政策框架已现雏形。20世纪80年代以来,我国政府高度重视矿山环境治理与生态恢复政策研究,发布了一系列的相关法律法规和法律制度,加强矿山生态环境保护,促进矿山环境治理和生态恢复。2011年2月,国务院颁布实施《土地复垦条例》,该条例成为推进矿山土地复垦的纲领性文件。2013年7月,环保部发布的《矿山生态环境保护与恢复治理技术规范》(试行),规范了矿产资源开发过程中的生态环境保护与恢复治理工作,对实现矿山土地的生态化修复提出一系列基本要求。

## 8.1　我国矿山环境治理与生态恢复政策

### 8.1.1　相关法律法规

　　我国矿区环境修复工作开始于20世纪50年代,20世纪50至70年代处于自发探索阶段,开始综合利用矿区土地资源,注重相关基本环境工程的配套问题,使得土地复垦更加系统化,属于以矿区土地资源稳定和持续利用为目标的环境工程复垦。进入20世纪80年代,土地复垦与生态修复才得到真正的重视,从自发零散的状态转为有组织的修复治理阶段。

(1)矿区土地复垦与生态重建法律法规。我国在1988年颁布的《土地复垦规定》第13条规定:在生产建设过程中破坏的土地,可以由企业和个人自行复垦,也可以由其他有条件的单位和个人承包复垦。《土地复垦规定》实行"谁破坏、谁复垦"的原则,由用地单位和个人采取整治措施,使其恢复到可供利用的状态。20世纪90年代是试点示范阶段,当时的国家土地管理局进行了许多试点工作,国家环境保护总局做了一些关于矿区生态环境破坏的调查研究,并开始对矿产资源开发征收矿产资源税和矿产资源补偿费,目的是保障和促进矿产资源的勘察、保护与合理开发,维护国家对矿产资源的财产权益。1997年实施的《中华人民共和国矿产资源法实施细则》对矿山开发中的水土保持、土地复垦和环境保护做出了具体规定,要求不能履行水土保持、土地复垦和环境保护责任的采矿人,必须向有关部门交纳履行上述责任所需的费用。1998年颁布的《土地管理法》规定:因挖损、塌陷、压占等造成土地破坏,用地单位和个人应当按照国家有关规定负责复垦;没有条件复垦或者复垦不符合要求的,应当缴纳土地复垦费,专项用于土地复垦,复垦的土地应当优先用于农业。由此,产生了国家投资的开发整理复垦项目。2006年发布的《关于加强生产建设项目土地复垦管理工作的通知》要求:加强土地复垦前期管理,做好生产建设项目土地复垦方案的编制、评审和报送审查工作。2009年实施的《矿山地质环境保护规定》明确指出:采矿权申请人申请办理采矿许可证时,应当编制矿山地质环境保护与治理恢复方案,报有批准权的国土资源行政主管部门批准。《全国土地利用总体规划纲要(2006—2020年)》《全国矿产资源规划(2008—2015年)》等都对矿区土地复垦与生态重建提出了明确的要求。

(2)环境保护法律法规。我国已经制定的《环境保护法》(中华人民共和国主席令第22号,1989)、《矿产资源法》(中华人民共和国主席令第74号,1996)、《煤炭法》(中华人民共和国主席令第75号,1996)、《水土保持法》(中华人民共和国主席令第39号,2010)等法律法规和大量的关于矿产资源开发利用方面的规章,都明确了在开发利用矿产资源的同时,要注意对环境的保护。我国在1988年颁布的《土地复垦规定》(中华人民共和国国务院令第19号,1988)第13条规定:在生产建设过程中破坏的土地,可以由企业和个人自行复垦,也可以由其他有条件的单位和个人承包复垦。1989年出台的《环境保护法》第19条规定:开发利用自然资源,必须采取措施保护生态环境。1996年《国务院关于环境保护若干问题的决定》(国发第31号文件,1996)指出,要建立并完善有偿使用自然资源和恢复生态环境的经济补偿机制。1994年出台的《矿产资源法实施细则》(国务院令第152号,1994)对矿山开发中的水土保持、土地复垦和环境保护的要求做了具体规定。1997年实施的《矿产资源法》明确规定:开采矿山资源,必须遵守有关环境保护的法律规定,防止污染环境;耕地、草地、林地因采矿受到破坏的,矿山企业应当因地制宜地采取复垦利用、植树种草或其他措施。2010年修订的《水土保持法》第20条规定:各级地方人民政府应当采取措施,加强对采矿、取土、挖沙、采石等生产活动的管理,防止水土流失;在崩塌滑坡危险区和泥石流易发区禁止取土、挖沙、采石;崩塌滑坡危险区和泥石流易发区的范围,由县级以上地方人民政府划定并公告。

(3)保护环境基本国策。党的十八大报告提出坚持节约资源和保护环境的基本国策,坚持"节约优先、保护优先、自然恢复为主"的方针;加强生态文明制度建设,要把资源消耗、环境损害和生态效益纳入经济社会发展评价体系,建立体现生态文明要求的目标体系、考核办法和奖惩机制;建立国土空间开发保护制度,完善最严格的耕地保护制度、水资源管理制度和环境保护制度;深化资源性产品价格和税费改革,建立反映市场供求和资源稀缺程度、体现生态价值和代际补偿的资源有偿使用制度和生态补偿制度;加强环境监管,健全生态环境保护责任追究制度和环境损害赔偿制度。

## 8.1.2 相关法律制度

(1)建设项目生态环境影响评价制度。环境影响评价是指对规划和建设项目实施后可能造成的环境影响进行分析、预测和评估,提出预防或减轻不良环境影响的对策和措施,并进行跟踪监测的方法和制度。环境影响评价是贯彻"预防为主"原则,防止新的环境污染和生态环境破坏的一项重要法律制度,对于实施可持续发展战略,预防人为活动对环境造成的不良影响,促进经济社会和环境协调发展,具有重要意义。我国在 1979 年的《环境保护法(试行)》中首次规定了该制度,《环境保护法》中重申了该制度。对矿产资源项目进行生态环境影响评价,体现了"预防为主"的环境保护战略方针,基本保证了新建项目的合理选址、布局。

(2)资源税费制度。资源税费包括排污费、生态环境补偿费、矿产资源补偿费、资源税、土地复垦费、森林植被恢复费、水土流失防治费、水土保持补偿费、两权价款(探矿权价款、采矿权价款)等。

(3)矿山环境治理恢复保证金制度。财政部、国土资源部、环境保护总局于 2006 年 2 月 10 日出台的《关于逐步建立矿山环境治理和生态恢复责任机制的指导意见》(财政部、国土资源部、环境保护总局共同颁布,财建第 215 号,2006),正式明确提出建立我国矿山环境治理恢复保证金制度,加强矿山生态环境保护,促进矿山环境治理和生态恢复。

(4)"三同时"制度。根据我国《环境保护法》第 26 条规定:建设项目中防治污染的措施,必须与主体工程同时设计、同时施工、同时投产使用。防治污染的设施必须经原审批环境影响报告书的环保部门验收合格后,该建设项目方可投入生产或者使用。"三同时"制度是我国对环境资源管理实践经验的总结,是我国独创的一项重要的环境资源法律制度,是贯彻"预防为主"原则、防止新污染和生态破坏的有效措施,是加强建设项目的环境资源管理的有效手段。这一制度对于保证建设项目建成后污染物达标排放、减轻周围环境资源破坏,对于保护和改善环境资源具有重要的作用。

(5)土地复垦制度。《矿产资源法》《水土保持法》和《土地复垦条例》都规定了"谁破坏、谁复垦"、"谁复垦、谁受益"的土地复垦原则。

(6)矿区生态环境保护规划制度。《矿产资源规划管理暂行办法》(国土资发第 356 号,1999)规定:为使开发环保并重,提高利用率,必须编制矿区生态环境保护规划,对矿山开发建设的生态环境保护、矿山开发利用的"三废"处理、矿山土地复垦与土地保护利用、矿山环境污染和生态破坏的治理及矿区地质灾害监测与防治等进行统筹规划,并保障措施的实施。

(7)污染物集中处置制度。《固体废物污染环境防治法》(中华人民共和国主席令第 31 号,2004)、《水土保持法》和《海洋环境保护法》(中华人民共和国主席令第 26 号,1999)规定:对固体废弃物实行集中定点处置,矿业权在设立前须明确解决相关的废物填埋方案与处置场所,矿业权在设立前须明确解决相关的废物填埋方案与处置场所。污染物集中处置制度是我国近年来矿区环境保护领域提出的一项新的管理制度,它既可以降低排污单位处理污染物的成本,促进处理污染物向专业化、市场化和社会化方向发展,提高污染物处理技术,也可以加强政府管理部门对污染物的监控效力。

(8)污染防治制度。《环境保护法》规定:排放污染物超过国家或者地方规定的污染物排放标准的企事业单位,依照国家标准缴纳超标准排污费,并负责治理。矿山企业排放污染物是在开采期间而不是在生态恢复期间,但是废渣尾砂堆放和土地污染等问题对生态恢复影响巨大,因此,在考虑矿区生态恢复时,仍溯及污染防治管理。我国还在勘探权和采矿许可证、土地利用评价规划、矿产资源规划等制度中,对矿山环境问题提出了要求。

(9)生态补偿制度。中共十八届三中全会审议通过的《中共中央关于全面深化改革若干重大问题的决定决定》提出,实行资源有偿使用制度和生态补偿制度;加快自然资源及其产品价格改革,全面反映市场供求、资源稀缺程度、生态环境损害成本和修复效益;坚持"使用资源付费"和"谁污染环境、谁破坏生态谁付费"原则,逐步将资源税扩展到占用各种自然生态空间;坚持"谁受益、谁补偿"原则,完善对重点生态功能区的生态补偿机制,推动地区间建立横向生态补偿制度。

## 8.2 国外矿山环境治理与生态恢复政策

### 8.2.1 美国矿产开采的环境管理

(1)建立健全法规体系。1920 年,《矿山租赁法》明确要求保护土地和生态环境。1977 年,美国国会通过并颁布了第一部全国性矿区生态系统修复法规——《露天采矿管理与复垦法》,在美国建立统一的露天矿管理和复垦标准。该法的目标是保证社会和环境免受露天矿产开采作业的有害影响;保证在采矿后不能恢复的区域不可以进行采矿,以保护生态环境;保证在露天采矿的同时就对开采地面进行恢复;保证对法案实施以前没有恢复的采矿区域进行恢复。美国《露天采矿管理与复垦法》执行和土地复垦主要由内政部牵头,其中,环境保护署、矿业局和土地局是核心部门。

（2）划定矿区复垦的界限。《矿山租赁法》规定：在生态治理的责任方面，对于法律颁布前后的矿区破坏区别对待。对于颁布前已废弃的矿区，由国家通过建立复垦基金的方式组织恢复治理；而对于颁布后的矿区环境污染和生态破坏，则根据"谁破坏、谁治理"的原则，由矿主负责解决，不仅要负责资源开发活动中的生态治理，还要在开发结束后按规定进行生态修复。对于法律颁布前已废弃的矿区，由国家通过建立复垦基金的方式组织恢复治理。美国国库账册中设有"废弃矿山恢复治理（复垦）基金"。

（3）实行矿山复垦保证金制度。企业按政府规定的数量和时间缴纳保证金，如果企业按规定履行了土地复垦义务并达到政府规定的恢复标准，政府将退还保证金，否则政府将动用保证金进行土地复垦工作。

（4）建立开采许可证制度。美国政府规定，不持部或州颁发的许可证，任何单位或个人不得进行采矿，矿山开采都应递交内容翔实并包括复垦规划的申请，对不遵守规定的企业和个人，管理部门有权终止、吊销或撤销开采许可证。1979年，主管全国露天采矿与复垦的执法办公室成立，主要负责审批开采与"复垦"作业的计划，制定、颁布并实施相关法规，组织废弃矿区环境修复计划等工作（马康，2007；王煜琴，2009）。

## 8.2.2　德国露天煤矿的恢复治理

《联邦采矿法》和《矿产资源法》要求各采矿业在申报开矿计划的同时，必须把采矿后的复垦规划等一并报批，否则不允许开矿，并规定采矿停止后 2 年内，必须完成复垦工作。从政府到州市直至乡镇都有复垦管理机构，且有法律约束。复垦资金来源一般有以下几种渠道：私有企业由企业自己提供复垦资金，采矿公司出资存入银行作复垦费用，国有企业由国家或地方政府拨给复垦资金；地方集资或社会捐赠一些资金。对于历史遗留下来的老矿区，专门成立矿山复垦公司专司此项工作，复垦所需资金由政府全额拨款。对于新开发矿区，矿区业主不许对矿区复垦提出具体措施，并作为审批的先决条件；必须预留复垦专项资金；必须对因开矿占用的森林和草地实行等面积异地恢复。在开发和复垦的过程中，政府制定了严格的环保法规和标准，并经常进行专项检查，确保复垦工作落到实处。

### 8.2.3　加拿大采矿条例

加拿大主要通过《领取土地法》和《加拿大采矿条例》对国有土地的矿产开发活动进行管理,各省区分别就各自领区内的采矿活动制定相关法律法规。获取采矿租约后的开发工作完全由投资者决定,政府只介入矿山开发后的复垦工作。矿山在开采前要提交复垦报告,由矿业公司与政府达成有关协议,并交纳足额的复垦保证金,保证金的数额由政府和矿权人商定,并可根据情况变化进行调整。

### 8.2.4　澳大利亚矿山环境保护

澳大利亚是世界上重要的矿产资源生产国和出口国,为保证采矿破坏的矿山环境得到有效的恢复,澳大利亚矿业部门、环保部门制定了相关的法律条例、管理制度和验收标准。澳大利亚在 1996 年《澳大利亚矿山环境管理规范》中提出,要求各矿山企业对所有开展的活动承担环境责任等 7 项原则,还规定矿山企业在 2 年的登记时间内编写出年度公共环境报告。澳大利亚矿山环境管理归各个州地方政府管理,因此,地方政府也规定了许多规范。如昆士兰州制定了多达 18 个规范,以保障对矿山生态环境的恢复。

(1)对矿山公司申请采矿活动在环境方面提出要求,矿业公司申请采矿活动,管理部门对其生产能力、资金、生产规模、矿产品的销售、职业卫生及采矿活动对当地生态环境的影响进行严格的审查。采矿前,矿业公司要制定"开采计划与开采环境影响评价报告",报告的主要内容包括环境、经济、安全、社会影响、复垦、空气、噪音、地下水污染、土地污染及相应的矿山生态环境治理与恢复措施。此报告首先由专家组进行审核,再由州政府批准。

(2)抵押金制度。矿业公司进行采矿必须缴纳矿区复垦抵押金,保证被矿山开采破坏地区的生态环境得以恢复,抵押金数量必须足以保证矿山复垦。抵押金的多少由市政府和矿业公司商定,也可请银行对矿业公司的复垦工作进行担保。若不交抵押金,矿业公司须向银行交担保费。银行根据矿山的开采价值、利润和生态环境治理手段来考虑担保风险的大小,确定担保费用的多少。

(3)提交年度环境执行报告书。矿业公司必须在每年规定的时间内向矿业主管部门提交年度环境执行报告书,进行年度工作的回顾。如不提交年度环境执行报告书,矿业主管部门就将考虑告知矿业授权部门收回采矿业权。

(4)矿山监察员巡回检查制度。政府的矿业主管部门对"年度环境执行报告书"审查后,就由分管监察员对矿业公司进行现场抽查。发现矿山环境未治理好,导致居民不满的,影响较小则以口头或者以信件通知整改;若拒绝接受且环境影响严重的,可书面指导,监察员现场直接书面通知,不用请示上级;如问题严重,可向上级反映,勒令矿业公司停止工作,罚款或收回矿业权。

矿山环境的验收由政府主管部门以矿业公司制定并经审批的"开采计划与开采环境影响评价报告"确定的生态环境治理协议书为依据,组织有关部门和专家分阶段进行验收。矿山生态环境治理标准有:复绿后地形地貌治理的科学性,生物的数量和生物多样性,废石堆场形态与自然景观接近,坡度应有弯曲,接近自然。矿业公司对矿山生态环境治理得好时,可以通过降低抵押金进行奖励,政府为了鼓励取得较大成绩的矿业公司,还会颁发"金壁虎"奖章(王永生等,2006)。

### 8.2.5 英国复垦法规

英国政府十分重视因采矿造成的地表破坏问题,在1951年出台了复垦法规并设立复垦资金。1969年颁布《矿山采矿场法》,提出采矿与复垦同步进行的方针,并要求按照农业复垦标准复垦。复垦资金由国家和政府共同承担,治理后的土地由地方所有,整体复垦效果良好。其中,巴特威尔露天矿是边采边回填,最后覆土造田;阿克顿海尔煤矿将井下煤矸石直接排到邻近的露天矿采坑中,完成复垦(孙宝志,2004)。

## 8.3 安徽省矿山地质环境保护与治理相关政策

大量未经治理的矿区废地是造成环境污染、水土流失和土地荒漠化的重大隐患,所带来的后果对经济发展和人类生存构成了严重威胁。为了促进资源型城市经济增长方式的转变,党的十六届五中全会提出了大力发展循环经济,高度重视资源型城市的可持续发展,同时,也出台了一系列的政策、法律和法规。财政部、国土资源部下发了《关于组织申报2007年矿山地质环境治理和国家级地质遗迹保护项目的通知》。为了加强采煤沉陷区的治理,国家建立了工业反哺机制,通过矿产资源补偿费和资源税返还、提供专业基金等方式,大力扶持矿业城市的生态环境建设和第三产业的发展。

近几年来,安徽省委、省政府按照落实科学发展观的要求,不断建立和完善矿山地质环境治理机制。安徽省国土资源厅、财政厅下发了《关于印发2007年度矿山地质环境治理和地质遗迹保护项目申报指南的通知》等,并且设立了专项资金,对矿山地质环境治理进行扶持。安徽省于2007年出台了《安徽省矿山地质环境保护条例》(安徽省人民代表大会常务委员会公告第 99 号,2007),该条例于 2007 年 12 月开始实施。目前,安徽省已完成了《矿山保护与治理规划》,规划中包括了生态恢复和土地复垦、地质灾害防治、"三废"治理等工程建设内容。

安徽省将淮南矿业集团、淮北矿业集团以及皖北煤电集团近期及未来几年缴纳矿业权价款留本省部分,用于采煤塌陷区的综合治理,集中力量开展了采煤塌陷区村庄搬迁应急工程,主要用于村庄搬迁和治理。安徽省政府实施了"以奖代补"政策,通过"以奖代补"形式,对 2009 年和 2010 年应急工程项目予以支持;组织编制省、市两级采煤塌陷区土地综合整治规划,编制了采煤塌陷区土地整治重大项目,对塌陷区实行"田、水、路、林、村"综合治理,并对土地利用进行规划调整。编制《淮南市城市总体规划(2005—2020)》和《淮北市城市总体规划(2005—2020)》,对两淮矿区均有政策倾斜,并在基金上予以扶持。近年来,在地方政府、采煤企业和塌陷区群众的共同努力下,两淮矿区塌陷区治理取得了显著的进展。

## 8.4 安徽省两淮煤矿废弃土地再利用的激励机制

(1)政策倾斜。矿业城市对国家经济发展做出巨大贡献,为保障矿业城市的可持续发展,废弃矿区的生态修复成为当前生态环境保护的重要工作之一,在废弃土地发展以矿业遗迹景观为核心,集科普教育、旅游观光、休闲娱乐等功能于一体的矿山公园。鼓励工矿企业腾退,居民搬迁,建立生态恢复区及旅游休闲产业。对于利用废弃土地进行商品住宅区等建设的企业,给予政策支持和相应税费减免。

(2)基金扶持。通过矿产资源补偿费和资源税返还、提供专业基金等方式,鼓励企业利用废弃土地进行与生态环境保护相关的经营和第三产业的发展。建立废弃地改造的保证金制度,筹集改造基金,申请国际组织的资金和技术支持,与开发商合作进行改造开发。政府垫资,与开发者共同完成开发项目,待项目获得受益后再对开发者进行补偿。

(3)矿业反哺机制。将矿山企业所缴的所得税按一定比例留存中央财政,设立矿山企业转产基金专户,解决老矿山废弃土地利用和资源型城市转型等问题。

(4)土地复垦与技术支持。利用土壤改良、物理处理、化学改良、生物改良方面的技术,对废弃土地理化性质进行调整。鼓励工矿企业对废弃土地进行复垦,将土地复垦与市场经济相结合,进行土地复垦税费改革,保证复垦者的利益,使企业拥有较高的复垦积极性。

（5）集思广益。政府对企业或个人提出的有创意、具有可行性的工矿废弃土地再利用措施进行奖励。

（6）高校合作机制。企业积极与相关高校进行合作，利用高校技术上的优势，转化为实际生产力。

## 8.5　安徽省两淮煤矿废弃土地再利用措施建议

（1）加快建设相关法律、法规。我国现行的废弃地改造方面的立法存在严重问题，包括立法过于分散，没有废弃地复垦、再利用方面的专门法律；废弃地复垦规定过于笼统，缺乏可操作性；生态恢复的要求标准低；缺少废弃地治理统一的体制、机制。因此，需要出台一部全面的矿业废弃地复垦法或法律、法规文件，辅之详尽、易操作、包括管理程序和技术标准的实施细则，明确矿业废弃地土地复垦的资金来源、相关费用的使用与管理，以及复垦土地的有偿转让等；明确界定各级主管部门与相关企业的义务、责任和职责，建立垂直领导的矿山环境监管体系，减少国土、环保、农林等部门多重交叉管理。

（2）完善土地再利用机制。可以在制定法律、法规时借鉴发达国家的相关治理经验，譬如组建专业的废弃地规划和生态重建队伍，积极开展有关废弃地再利用方面的学术研究与交流活动，成立各类专业科研机构和废弃地再利用的领导机构等。同时，加大生态改造发展政策的宣传和引导，推动废弃工矿土地的再利用。

（3）加强多方多渠道协作。我国目前从事废弃地研究的机构虽然在数量上具备一定规模，但基本上都处于各自为政、自我封闭的状态，尤其是环境科技资源缺乏整合和共享机制，难以形成合力，整体实力不强。其中，废弃地再利用的资金投入不足，未建立有效的市场投融资机制，缺乏稳定的政府引导资金来源渠道，使一些重大的公益性环境科学研究难以开展，使许多环境恶劣、污染严重的废弃地依然处于荒废、未治理状态。

（4）明确矿山企业的环境主体责任。明确以企业为中心的治理模式，是两淮地区工矿废弃土地再利用的重中之重。根据"谁污染、谁治理"的原则，因为矿山企业是矿山生态环境破坏的主要责任者，所以企业应该明确自身是矿山环境恢复与治理的主体，采用高效合理的处理方法，积极主动地配合政府部门进行污染治理。同时,企业应该清楚环境治理的成本与收益,这也是促进企业进行技术革新的考核点之一。

(5)提高公众参与水平。应该明确一点,公众的参与也是治理工程中不可缺少的重要组成部分,让公众了解废弃工矿区土地再利用项目,将规划改造的基本思路传递给公众,形成监督和规范废弃地治理的外部力量。对于一些规模较小的工程,通过实地调查和访问,加深与当地居民的沟通;对于涉及面广、涉及人数众多的大工程,采用小型研讨会及大范围公众讨论的方式进行互通和交流,提高公众的参与水平。只有群策群力,服从党和政府的正确安排,才能形成废弃地再利用治理和规划的美好局面。

(6)建立矿山生态补偿机制。生态补偿作为一种保护生态环境的经济体制,在我国已经逐步得到研究和实践。2005年,我国通过的《国务院关于落实科学发展观加强环境保护工作的决定》(国发第39号,2005)和国家"十一五"规划纲要都明确提出,要尽快建立生态补偿机制。2007年8月,国家环境保护总局出台了《关于开展生态补偿试点工作的指导意见》(环发第130号,2007),将矿产资源开发的生态补偿作为4个试点领域之一。其中包含以下几个方面:

①明确生态补偿主体。矿场资源开发补偿有着明显不同于其他领域生态补偿的特点,如破坏主体明确、责任具体等。根据以上特点,矿产资源开发的生态补偿主体即为矿产企业,在严格按照"谁破坏,谁治理"的原则时,还要明确矿产企业的环境治理责任。

②制定科学的补偿标准。在高举"科学发展观"伟大旗帜的今天,加强开展矿产资源开发的生态环境损失价值评估,制定科学的补偿理论就显得尤其重要。为此,我们必须在实践中,通过成本法替代原则甚至协商的方法确定其中的补偿标准。

③创新生态补偿的形式。生态补偿的形式是多种多样的,于是我们在开展生态补偿的过程中,既可以运用经济补偿的方式对周围居民进行补偿,也可以通过土地复垦等方式恢复环境,当然也可以请政府或相关专业人士及部门开展环境的恢复工作。

(7)完善矿山环境治理恢复保证金制度。

①运用新的理论和方法,区分新账和旧账。在界定矿山生态环境的问题中,要了解哪些是过去历史遗留的旧账,哪些是规定制定之后矿产资源开发企业新

造成的。

②完善矿产开采许可证制度。矿山环境治理恢复保证金的缴纳是取得开采许可证的前提条件,这点必须在开采许可证制度中明确说明。有了矿山企业缴纳的足额保证金,才能为将来环境治理提供必要资金。

③加强生态环境评价制度。矿山生态环境恢复的评价,有利于矿山环境治理恢复保证金的返还,这是矿山生态环境得到恢复的重要保证。

④改革企业成本核算制度。矿山企业的生态环境补偿与修复费用在现行的矿山企业成本核算体制中,并没有纳入矿山企业成本,这就需要进行相应的改革,以完善企业的成本核算制度。而生产成本、资源使用者成本和生态环境成本是构成完整企业成本的 3 个部分(戴莉萍,2010;邓国春等,2008;王霖琳,2009)。

## 8.6　小结

长期的矿产资源开发利用给我国造成了严重的生态环境问题,我国矿山环境亟须治理和恢复。自 20 世纪 80 年代中期起,我国政府积极推行土地利用评价规划、环境影响评价、"三同时"、勘探权和采矿权许可证、限期治理、矿产资源规划等法律制度,以实现开发与环保并重,加强矿山生态环境保护,极大地促进了矿山环境治理与恢复。目前,矿区生态修复的政策框架已现雏形。2011 年 2 月,国务院颁布实施《土地复垦条例》,该条例成为推进矿山土地复垦的纲领性文件。2013 年 7 月,环保部发布的《矿山生态环境保护与恢复治理技术规范》(试行),规范了矿产资源开发过程中的生态环境保护与恢复治理工作,为实现矿山土地的生态化修复提出了一系列基本要求。但我国矿山环境问题仍然十分严峻,矿山生态环境恢复治理的速度仍远远赶不上矿产资源开发的生态破坏速度。落实企业责任,积极探索矿产资源生态环境保护新道路,要切实落实企业在矿产资源开发过程中的生态恢复治理的责任,坚持"谁污染,谁治理"、"谁破坏,谁恢复"的原则,建立健全矿产资源生态环境恢复治理的企业责任机制。要切实落实各级地方政府在生态环境保护方面的责任和义务,协调各部门促进矿产资源开发生态环境责任机制的建立和完善。要切实落实各级环保主管部门的责任。各地区要建立健全矿山生态环境恢复补偿机制,逐步完善矿山生态环境恢复治理规范。探索推进煤炭工业可持续发展基金、矿山环境治理恢复保证金和煤矿转产发展资金的落实。落实矿山生态修复资金是推动矿山生态修复的前提和基础,但仍需在此基础上拓宽资金来源渠道。

加强治理技术研究,制定治理恢复标准。目前,国内外对于矿山修复已经超越了以往仅仅满足于完成土地复垦的阶段。生态修复本身就是一个系统工程。在生态修复中,生态系统的结构及其群落是由简单向复杂、由单功能向多功能、由抗逆性弱向抗逆性强转变的。生态修复是保持水土、保持人和自然和谐相处的具体体现。目前,仅仅着眼于矿山植被恢复的土地复垦远远不足以满足生态恢复的要求。

国外矿山环境管理与生态恢复经验主要是:有健全的法律、法规和专门的管理机构,有明确的资金来源渠道,将矿山生态恢复纳入采矿许可证制度之中,实行恢复保证金制度,建立严格的恢复治理标准。

本章重点介绍了 20 世纪 90 年代以来我国所制定的一系列有关矿山环境治理与生态恢复相关的法律、法规和法律制度,简要介绍了美国矿产开采的环境管理、德国露天煤矿的恢复治理、加拿大采矿条例、澳大利亚矿山环境保护和英国土地复垦相关的法规、法律条例、管理制度和验收标准。

为了贯彻落实科学发展观,促进经济增长方式转变,安徽省出台了《安徽省矿山地质环境保护条例》和《矿山保护与治理规划》,在两淮煤矿矿区生态环境修复中规定了生态恢复和土地复垦、地质灾害防治、"三废"治理等工程建设内容,同时给予政策支持、相应税费减免和基金扶持,大大激励了两淮煤矿工矿废弃土地的再利用。

# 第 9 章
# 结　论

## 9.1　泉大资源枯竭矿区概况

　　泉大资源枯竭矿区位于淮南大通矿区沉陷单元,东部为九龙岗煤矿,距淮南市中心约 5km,阜淮国家铁路从东北边通过;向东 35km 可接合徐高速公路,向西 30km 可接合淮阜高速公路;周边乡镇地区公路发达,交通便利。地形南高北低,高程为 30～200m,属淮河冲湖积平原与江淮丘陵交接地带,区域上地貌类型多样,有丘陵、山前斜地、阶地、岗地、漫滩等。研究区地层分区属华北地层大区晋冀鲁豫地层区徐淮地层分区淮南地层小区。北部基岩被第四系覆盖,南部低山残丘区出露前震旦系、寒武系、奥陶系等地层。

　　大通煤矿是淮南煤矿的发源地,始建于 1903 年,具有上百年的开采历史。煤矿的开采造成大面积的地面塌陷,淮南煤田老淮南矿区采空塌陷面积为 35.07km$^2$。在大通、九龙岗煤矿 1978 年先后闭坑之后,塌陷区范围呈增长之势,塌陷中心深度为 5～15m,其中部分塌陷区已积水成湖,衔接成片。

　　淮南市境内资源丰富,物产富饶,有"五彩淮南"之称。特色农业发展较快,目前全区特色农产品基地初步形成,先后建成了万亩优质粮、万亩水产、万头生猪、万亩林业、千头奶牛、千亩无公害蔬菜、千亩水产、千亩漂藕、千亩葡萄等基地。

## 9.2 泉大资源枯竭矿区基本情况调查及问题诊断

从 2012 年 4 月到 2013 年底,研究组对泉大资源枯竭矿区的水样、土壤和植物样品进行了全面调查,分析了养分、重金属含量、植物重金属含量等,调查了项目区植物物种组成、分类和多样性,并对生态环境质量进行了评价。

(1)水质监测。鲁台子、凤台大桥、李嘴孜上、淮河公铁大桥、田家庵、大涧沟、西淝河闸闸上共 7 个重点水质断面全年总测次中,各类水出现频率为:Ⅱ～Ⅲ类水占 47.62%,Ⅳ～Ⅴ类水占 47.62%,劣Ⅴ类水占 4.76%。高塘湖全年以Ⅲ～Ⅳ类水为主,Ⅲ类水占 16.67%,Ⅳ类水占 75.00%,Ⅴ类水占 8.33%。瓦埠湖全年Ⅱ～Ⅲ类水占 83.33%,Ⅳ类水占 16.67%,全年均呈轻度富营养化状态。老龙眼水库水质较好,仅有 COD 处于Ⅳ类水平,其余指标均为Ⅱ～Ⅲ类。大通湿地、塌陷区、垃圾渗滤液池、九龙岗塌陷区等水体均为Ⅴ类或者劣Ⅴ类,主要污染物质为 DO、COD 和总氮。大通湿地对水质总磷、总氮、DO 有非常明显的处理效果。水体中重金属 Cu、Cr、Cd 含量均超出水体环境质量二级标准,特别是 Hg,在三大研究区内的水体中全部超标,在九龙岗和老龙眼研究区水体中平均超出 50 倍左右,在大通湿地塌陷坑内地势最低处甚至超出了数千倍。

(2)土壤监测。研究区内土壤含氮情况为丰富,然而依据碳氮比(在一定范围内可作为养分肥力的指标)的研究结果显示,研究区为采煤区,数十年均未进行大面积耕作或种植,土壤肥力状况严重匮乏。依据土壤重金属的监测结果,矿区最主要的污染元素为 Cd,土壤 Cr 含量超标 1.53～1.95 倍,其中,煤矸石充填斜坡上的 Cd 含量超标 11.3 倍。样品中 Pb、Cu 平均值均达到二级标准,所有样品中 Hg 含量均达到一级标准。

(3)植被。森林生态系统主要分布在舜耕山片区和大通片区。伴随自然演替,目前,该地区大部分人工林已演替为生态系统较为稳定的自然林,物种多样性明显增加。农田生态系统呈斑块状广布于大通片区和九龙岗片区。居落生态系统零星分布,大通区和舜耕山区的居落分布较少,九龙岗区分布较多。绿化植物主要是杨树。水域生态系统将农田生态系统、林地及灌丛生态系统和居落生态系统串联在一起。修复时限较长的老龙眼研究区植物种类为:乔木有 24 种,灌木有 16 种,草本植物有 52 种;修复时限较短的大通湿地研究区植物种类为:乔木有 21 种,灌木有 10 种,草本植物有 15 种。

## 9.3 沉陷区地质条件稳定性分析与损毁水系修复技术

采煤沉陷破坏了大量土地资源,引发地面塌陷、耕地面积减少、浅层地下水被疏干、环境污染、生态失调等一系列环境问题,严重影响了当地人民的生产和生活,制约着当地社会经济的持续发展。大通湿地单元位于淮南泉大资源枯竭矿区,由淮南大通煤矿塌陷区经过改造和修复而成。该区不稳定,适宜性差,地质灾害发育强烈,地质构造复杂,工程建设遭受采空塌陷灾害的可能性大,综合评估为危险性大,防治难度大,不宜进行工程建设。本研究是在大通煤矿地面塌陷分区的基础上,针对大通湿地单元地质稳定性问题,利用钻孔取样及室内土工实验,研究了松散层物理力学性质,采用瞬变电磁方法和并行网络电法手段对研究区内采空区及其受小煤窑重复采动活化情况进行了现场探测,在此基础上对研究区地质稳定性进行了综合评价。

(1)大通湿地单元第四系黏土层厚度稳定,为 12.3~17.1m,为微—极微透水性土层,透水性差,有效地阻隔了地表水通过入渗补给地下水,为湿地生态系统重构提供了有利条件。

(2)现场综合地球物理探测结果表明,视电阻率在不同测线的垂向剖面和不同埋深水平方向上都具有明显差异性。垂直方向上,150m 以浅区域高阻区相对集中,而深部区域高阻区分布不连续,且阻值低于浅部;水平方向上,高阻区主要分布在研究区中东部。

(3)地质稳定性综合评价结果表明,研究区中部、东部由于受小煤窑的重复采动的影响,采空区活化,属于采空塌陷不稳定区,而其他区域不受小煤窑重复采动影响,经过几十年的残余沉降和覆岩再压密过程,采空区上覆岩层已基本稳定。

针对大通湿地的特点,通过对湿地水循环基本过程、水文地质条件以及自然水循环要素综合分析的基础上,构建大通湿地水循环模型。结合多年降雨量和蒸发量数据以及湿地水面面积观测数据,对模型的各个参数进行了标定和检验。利用构建的水循环模型,对大通湿地的自然水文特性进行了模拟。最后分析了造成湿地内水面面积与蓄水量减少的主要原因,提出了改善湿地水文状态和生态状态的对策。

## 9.4 资源枯竭矿区生态修复技术

现在的大通湿地公园已经成为落叶阔叶疏林草地,是在大通煤矿采煤沉陷区的基础上经生态修复而成的。大通煤矿采煤沉陷区大部分区域原为煤矸石堆积区,不仅景观丑陋,而且存在着稳定性差、干旱缺水、极端贫瘠、水土流失严重等问题,除少数抗耐性杂草外,大部分植物难以生长。淮南矿业(集团)有限责任公司成功研究出矸石堆基质剖面重构技术和物种选择与植物群落优化配置技术等2套生态修复技术,成功实施了生态修复工程。通过采用煤矸石堆剖面重构技术,即采用先用煤矸石填充、平整,然后再覆盖土壤的施工方案,对该处的煤矸石基质进行了基质剖面重构,为植物生长创造了条件。在此基础上,研究出物种选择与植物群落优化配置技术,再造休闲娱乐于一体的城市景观。通过物种选择技术,有目的地种植一些常绿乔、灌木(如荷花玉兰、香樟、女贞、夹竹桃、桂花、海桐、火棘等),并配置一些人们喜爱的木本植物(如碧桃、梅、迎春、紫丁香、日本晚樱、紫叶李等)和草坪植物;并通过植物群落优化配置技术,在水陆交界区域种植了枫杨、女贞、刺槐等高大乔木,在陆地区域构建了乔—灌—草结构的人工植物群落,在湿地区域则主要利用土著种香蒲、芦苇、荻等建立挺水植物群落。

通过上述技术的选择与使用,目前大通煤矿采煤沉陷区已形成了景观效果良好、植物种类丰富、季相变化显著、生态系统多样的城市景观区。

针对大通湿地及周边进行生态环境调查,评估生态修复效果。主要研究结论:大通湿地公园水体中植物群落类型单一,植被盖度大、高度高,作为景观水体,过大的植物群落盖度和过高的植物群落高度会降低景观美感;大通湿地公园水质总体状况良好,除总氮含量超标外,其他所测定指标均在Ⅳ类以上;大通湿地中浮游生物的种类较少、多样性较低,水中多大型挺水植物,少小型动物和鱼类,且挺水植物群落种类单一,因此,按照"美化景观、保持原有、适度改造"的原则,增加其他景观植物,形成斑块,提高湿地系统的多样性;大通湿地公园沉积物主要为人工填充的黏土性土壤,整个沉积物呈粉砂质黏土至黏土特点,大通湿地公园保水性较差可能与侧渗、下渗均有一定的关系;大通湿地周围的人工复垦区域土壤覆盖厚度在各处存在一定差异,所覆盖土壤总体上表现为养分不足。根据以上研究,建议对大通湿地公园实施改造工程。

在老龙眼水库周围的人工复垦区,按照植物群落类型的不同共调查9处区域,调查内容涉及植物群落类型、盖度、高度及伴生植物种类,同时采集植物群落生长处的土壤。主要结论:老龙眼水库人工复垦区人工植物群落多样性高,但从该区域表层土壤的理化性质可以看出,该区域黏重、贫瘠的土壤对所种植的植物生长具有一定的限制性,需要通过改良土壤基质的物理和化学性质,来促进所种植植物的良好生长。

## 9.5 资源枯竭矿区生态修复和验收指标体系

生态修复和验收指标体系综合反映了资源枯竭矿区生态修复重建的理论、技术研究及实践的成果;分析了矿区生态环境修复的必要性、矿区生态环境修复的概念,探讨了矿区生态修复重建的理论,包括矿区生态环境修复的战略和综合技术体系;介绍了国外资源枯竭矿区生态修复指标体系、我国矿山生态环境保护与恢复治理技术规范、我国资源枯竭矿区土地复垦与生态重建技术指标体系和安徽省矿山地质环境治理恢复验收标准。

淮南泉大资源枯竭矿区修复工程实践区可分为4个典型类型:大通煤矿资源枯竭矿区复合生态系统修复工程区;舜耕山森林生态系统修复工程区;洞山城市森林生态系统修复工程区;老龙眼湿地生态系统修复工程区。

本章重点以大通煤矿资源枯竭矿区复合生态系统修复为例,在大量的野外现场考察和调查的基础上,结合淮南矿业集团提供的资料,进行深入分析,归纳总结出安徽省淮南泉大资源枯竭煤矿区生态环境治理技术规程。

根据两淮煤矿生态环境治理技术体系特点,将煤炭资源枯竭矿区生态环境治理技术规程分为煤矸石填充复垦区植物多样性重建技术规程和验收技术规程2个部分。

煤矸石填充复垦区植物多样性重建技术规程和验收技术规程可用于两淮煤矿生态环境治理恢复的指导,以及两淮煤矿生态环境治理恢复合格程度的考核和验收。

煤矸石填充复垦区植物多样性构建技术规程包括煤矸石填充复垦技术规程、采空沉陷湿地植被修复技术规程、采空沉陷区边坡植被修复技术规程和采空沉陷区缓坡植被修复技术规程4类。

煤矸石填充复垦区植物多样性验收技术规程包括治理恢复成人工生物塘植被的验收标准、治理恢复成沉陷湿地植被的验收标准、治理恢复成沉陷区边坡植被的验收标准和治理恢复成沉陷区缓坡植被的验收标准 4 类。

安徽省淮南泉大资源枯竭矿区湿地植被恢复评价指标体系可以分为采空塌陷湿地植被修复、边坡植被修复和缓坡植被修复 3 个部分。

## 9.6 资源枯竭矿区生态修复相关政策研究

长期的矿产资源开发利用给我国造成了严重的生态环境问题,我国矿山环境亟须治理和恢复。自 20 世纪 80 年代中期起,我国政府积极推行土地利用评价规划、环境影响评价、"三同时"、勘探权和采矿权许可证、限期治理、矿产资源规划等法律制度,以实现开发与环保并重,加强矿山生态环境保护,极大地促进了矿山环境治理与恢复。目前,矿区生态修复的政策框架已现雏形。2011 年 2 月,国务院颁布实施《土地复垦条例》,该条例成为推进矿山土地复垦的纲领性文件。2013 年 7 月,环保部发布的《矿山生态环境保护与恢复治理技术规范》(试行),规范了矿产资源开发过程中的生态环境保护与恢复治理工作,为实现矿山土地的生态化修复提出了一系列基本要求。但我国矿山环境问题仍然十分严峻,矿山生态环境恢复治理的速度仍远远赶不上矿产资源开发的生态破坏速度。落实企业责任,积极探索矿产资源生态环境保护新道路,要切实落实企业在矿产资源开发过程中的生态恢复治理的责任,坚持"谁污染,谁治理"、"谁破坏,谁恢复"的原则,建立健全矿产资源生态环境恢复治理的企业责任机制。要切实落实各级地方政府在生态环境保护方面的责任和义务,协调各部门促进矿产资源开发生态环境责任机制的建立和完善。要切实落实各级环保主管部门的责任。各地区要建立健全矿山生态环境恢复补偿机制,逐步完善矿山生态环境恢复治理规范。探索推进煤炭工业可持续发展基金、矿山环境治理恢复保证金和煤矿转产发展资金的落实。落实矿山生态修复资金是推动矿山生态修复的前提和基础,但仍需在此基础上拓宽资金来源渠道。

加强治理技术研究,制定治理恢复标准。目前,国内外对于矿山修复已经超越了以往仅仅满足于完成土地复垦的阶段。生态修复本身是一个系统工程。在生态修复中,生态系统的结构及其群落是由简单向复杂、由单功能向多功能、由抗逆性弱向抗逆性强转变的。生态修复是保持水土、保持人和自然和谐相处的具体体现。目前,仅仅着眼于矿山植被恢复的土地复垦远远不足以满足生态恢复的要求。

# 附录
## 淮南矿区维管植物名录

| 科名 | 属名 | 中文名 | 拉丁学名 |
|---|---|---|---|
| 木贼科<br>Equisetaceae | 木贼属 *Hippochaete* L. | 节节草 | *Hippochaete ramosissimum* Desf. |
| 海金沙科<br>Lygodiaceae | 海金沙属 *Lygodium* Sw. | 海金沙 | *Lygodium japonicum*（Thunb.）Sw. |
| 凤尾蕨科<br>Pteridaceae | 凤尾蕨属 *Pteris* L. | 凤尾蕨 | *Pteris nervosa* Thunb. |
| | | 井口边草 | *Pteris multifida* Poir. |
| 铁角蕨科<br>Aspleniaceae | 铁角蕨属 *Asplenium* L. | 华中<br>铁角蕨 | *Asplenium sarelii* Hook. |
| 银杏科<br>Ginkgoaceae | 银杏属 *Ginkgo* L. | 银杏 | *Ginkgo biloba* L. |
| 松科<br>Pinaceae | 雪松属 *Cedrus* Trew | 雪松 | *Cedrus deodara*（Roxb.）G. Don |
| | 松属 *Pinus* L. | 油松 | *Pinus tabuliformis* Carr. |
| | | 黑松 | *Pinus thunbergii* Parl. |
| | | 马尾松 | *Pinus massoniana* Lamb. |
| | | 日本<br>五针松 | *Pinus parviflora* Sieb. et Zucc. |
| | | 湿地松 | *Pinus elliottii* Engelm. |
| | | 火炬松 | *Pinus taeda* L. |
| 杉科<br>Taxodiaceae | 杉木属 *Cunninghamia* R. Br | 杉木 | *Cunninghamia lanceolata*（Lamb.）Hook. |
| | 水杉属 *Metasequoia* Miki ex Hu et Cheng | 水杉 | *Metasequoia glyptostroboides* Hu et Cheng |

| 科名 | 属名 | 中文名 | 拉丁学名 |
|---|---|---|---|
| 柏科<br>Cupressaceae | 侧柏属 *Platycladus* Spach | 侧柏 | *Platycladus orientalis*（L.）Franco |
| | 圆柏属 *Sabina* Mill. | 圆柏 | *Sabina chinensis*（L.）Ant. |
| | | 龙柏 | *Sabina chinensis*（L.）Ant. cv. Kaizuca |
| 罗汉松科<br>Podocarpaceae | 罗汉松属 *Podocarpus* L.<br>Her. ex Persoon | 罗汉松 | *Podocarpus macrophyllus*（Thunb.）<br>D. Don |
| 红豆杉科<br>Taxaceae | 红豆杉属 *Taxus* Linn. | 红豆杉 | *Taxus chinensis*（Pilger）Rehd. |
| 胡桃科<br>Juglandaceae | 枫杨属 *Pterocarya* Kunth | 枫杨 | *Pterocarya stenoptera* C. DC. |
| | 胡桃属 *Juglans* L. | 胡桃 | *Juglans regia* L. |
| | 化香树属 *Platycarya* Sieb.<br>et Zucc. | 化香 | *Platycarya strobilacea* Sieb. et Zucc. |
| | 山核桃属 *Carya* Nutt. | 美国<br>山核桃 | *Carya illinoensis*（Wangenh.）K. Koch |
| 杨柳科<br>Salicaceae | 杨属 *Populus* L. | 毛白杨 | *Populus tomentosa* Carr. |
| | | 银白扬 | *Populus alba* L. |
| | | 响白杨 | *Populus adenopoda* Maxim |
| | | 小叶杨 | *Populus simonii* Carr. |
| | | 大官杨 | *Populus×dakuaensis* Hsu |
| | | 加杨 | *Populus×canadensis* Moench. |
| | | 健杨 | *Populus×canadensis* Moench. subsp.<br>Robusta |
| | | 钻天杨 | *Populus nigra* var. *italica*（Moench）<br>Koehne |
| | 柳属 *Salix* L. | 旱柳 | *Salix matsudana* Koidz. |
| | | 垂柳 | *Salix babylonica* L. |
| | | 银叶柳 | *Salix chienii* Cheng |
| | | 簸箕柳 | *Salix suchowensis* Cheng |
| | | 腺柳 | *Salix chaenomeloides* Kimura |

续表

| 科名 | 属名 | 中文名 | 拉丁学名 |
|---|---|---|---|
| 壳斗科 Fagaceae | 栗属 *Castanea* Mill. | 毛栗 | *Castanea seguinii* Dode |
| | | 板栗 | *Castanea mollissima* Bl. |
| | 栎 *Quercus* L. | 栓皮栎 | *Quercus variabilis* Bl. |
| | | 麻栎 | *Quercus acutissima* Carruth. |
| | | 槲栎 | *Quercus aliena* Bl. |
| | | 枹栎 | *Quercus serrata* Thunb. |
| | | 短柄枹栎 | *Quercus serrata* Thunb. var. *brevipetiolata* (A. DC.) Nakai |
| 榆科 Ulmaceae | 榉属 *Zelkova* Spach | 榉树 | *Zelkova serrata* (Thunb.) Makino |
| | 榆属 *Ulmus* L. | 榆树 | *Ulmus pumila* L. |
| | | 榔榆 | *Ulmus parvifolia* Jacq. |
| | | 刺榆 | *Hemiptelea davidii* (Hance) Planch. |
| | 朴属 *Celtis* L. | 黑弹朴 | *Celtis bungeana* Bl. |
| | | 朴树 | *Celtis sinensis* Pers. |
| | | 黑弹树 | *Celtis bungeana* Bl. |
| 杜仲科 Eucommiaceae | 杜仲属 *Eucommia* Oliver | 杜仲 | *Eucommia ulmoides* Oliver l. c. |
| 桑科 Moraceae | 柘属 *Cudrania* Trec. | 柘树 | *Cudrania tricuspidata* (Carr.) Bur. ex Lavallee |
| | 桑属 *Morus* L. | 桑 | *Morus alba* Linn. |
| | | 鸡桑 | *Morus australis* Poir. |
| | 构树属 *Broussonetia* L'Hert. ex Vent. | 构树 | *Broussonetia papyifera* (Linn.) L'Hert. ex Vent. |
| | 榕属 *Ficus* L. | 无花果 | *Ficus carica* Linn. |
| | 葎草属 *Humulus* L. | 葎草 | *Humulus scandens* (Lour.) Merr. |
| | 大麻属 *Cannabis* L. | 大麻 | *Cannabis sativa* Linn. |
| 荨麻科 Urticaceae | 荨麻属 *Urtica* L. | 荨麻 | *Urtica fissa* E. Pritz. |
| | | 宽叶荨麻 | *Urtica laetevirens* Maxim. |
| | 苎麻属 *Boehmeria* Jacq. | 苎麻 | *Boehmeria nivea* (L.) Gaudich. |

| 科名 | 属名 | 中文名 | 拉丁学名 |
|---|---|---|---|
| 蓼科<br>Polygonaceae | 蓼属 *Polygonum* L. | 箭叶蓼 | *Polygonum sieboldii* Meisn. |
| | | 杠板归 | *Polygonum perfoliatum* L. |
| | | 两栖蓼 | *Polygonum amphibium* L. |
| | | 酸模叶蓼 | *Polygonum lapathifolium* L. |
| | | 红蓼 | *Polygonum orientale* L. |
| | | 香蓼 | *Polygonum viscosum* Buch. -Ham. ex<br>D. Don |
| | | 水蓼 | *Polygonum hydropiper* L. |
| | | 长鬃蓼 | *Polygonum longisetum* De Br. |
| | | 圆基长<br>鬃蓼 | *Polygonum longisetum* De Br. var.<br>*rotundatum* A. J. Li |
| | | 萹蓄 | *Polygonum aviculare* L. |
| | | 习见蓼 | *Polygonum plebeium* R. Br. |
| | 何首乌属 *Fallopia* Harald. | 何首乌 | *Fallopia multiflora*（Thunb.）Harald. |
| | 荞麦属 *Fagopyrum* Mill. | 荞麦 | *Fagopyrum esculentum* Moench |
| | | 金荞麦 | *Fagopyrum dibotrys*（D. Don）Hara |
| | 酸模属 *Rumex* L. | 羊蹄 | *Rumex japonicus* Houtt. |
| | | 齿果酸模 | *Rumex dentatus* L. |
| | | 长刺酸膜 | *Rumex trisetifer* Stokes |
| | | 酸模 | *Rumex acetosa* L. |
| 商陆科<br>Phytolaccaceae | 商陆属 *Phytolacca* L. | 商陆 | *Phytolacca acinosa* Roxb. |
| | | 垂序商陆 | *Phytolacca americana* L. |
| 樟科<br>Lauraceae | 山胡椒属 *Lindera* Thunb. | 狭叶山<br>胡椒 | *Lindera angustifolia* Cheng |
| | 樟属 *Cinnamomum* Trew | 香樟 | *Cinnamomum bodinieri* Levl. |

| 科名 | 属名 | 中文名 | 拉丁学名 |
|---|---|---|---|
| 毛茛科<br>Ranunculaceae | 毛茛属 *Ranunculus* L. | 石龙芮 | *Ranunculus sceleratus* L. |
| | | 茴茴蒜 | *Ranunculus chinensis* Bunge |
| | | 肉根毛茛 | *Ranunculus polii* Franch. ex Hemsl. |
| | | 毛茛 | *Ranunculus japonicus* Thunb. |
| | 铁线莲属 *Clematis* L. | 威灵仙 | *Clematis chinensis* Osbeck |
| | | 大花威灵仙 | *Clematis courtoisii* Hand.-Mazz. |
| | | 圆锥铁线莲 | *Clematis terniflora* DC |
| | 芍药属 *Paeonia* L. | 芍药 | *Paeonia lactiflora* Pall. |
| 小檗科<br>Berberidaceae | 小檗属 *Berberis* L. | 豪猪刺 | *Berberis julianae* Schneid. |
| | | 日本小檗 | *Berberis thunbergii* DC. |
| | 十大功劳属 *Mahonia* Nuttall | 阔叶十大功劳 | *Mahonia bealei* (Fort.) Carr. |
| | | 十大功劳 | *Mahonia fortunei* (Lindl.) Fedde |
| | 南天竹属 *Nandina* Thunb. | 南天竹 | *Nandina domestica* Thunb. |
| 木通科<br>Lardizabalaceae | 木通属 *Akebia* Decne. | 木通 | *Akebia quinata* (Houtt.) Decne. |
| 防己科<br>Menispermaceae | 木防己属 *Cocculus* DC. | 木防己 | *Cocculus orbiculatus* (L.) DC. |
| 睡莲科<br>Nymphaeaceae | 莲属 *Nelumbo* Adans. | 莲 | *Nelumbo nucifera* Gaertn. |
| | 芡属 *Euryale* Salisb. ex DC. | 芡实 | *Euryale ferox* Salisb. ex König & Sims |
| 金鱼藻科<br>Ceratophyllaceae | 金鱼藻属 *Ceratophyllum* L. | 金鱼藻 | *Ceratophyllum demersum* L. |
| 三白草科<br>Saururaceae | 蕺菜属 *Houttuynia* Thunb. | 蕺菜 | *Houttuynia cordata* Thunb |
| 马兜铃科<br>Aristolochiaceae | 马兜铃属 *Aristolochia* L. | 绵毛马兜铃 | *Aristolochia mollissima* Hance |
| | | 马兜铃 | *Aristolochia debilis* Sieb. et Zucc. |
| 猕猴桃科<br>Actinidiaceae | 猕猴桃属 *Actinidia* Lindl | 中华猕猴桃 | *Actinidia chinensis* Planch. |
| 山茶科<br>Theaceae | 山茶属 *Camellia* L. | 山茶 | *Camellia japonica* Linn. |

续表

| 科名 | 属名 | 中文名 | 拉丁学名 |
|---|---|---|---|
| 藤黄科<br>Guttiferae | 金丝桃属 *Hypericum* L. | 黄海棠 | *Hypericum ascyron* Linn. |
| | | 金丝桃 | *Hypericum monogynum* Linn. |
| 罂粟科<br>Papaveraceae | 罂粟属 *Papaver* L. | 虞美人 | *Papaver rhoeas* L. |
| | 紫堇属 *Corydalis* DC. | 紫堇 | *Corydalis edulis* Maxim. |
| 山柑科<br>Capparaceae | 白花菜属 *Cleome* L. | 白花菜 | *Cleome gynandra* L. |
| | | 醉蝶花 | *Cleome spinosa* Jacq. |
| | | 黄花草 | *Cleome viscosa* L. |
| 十字花科<br>Cruciferae | 碎米荠属 *Cardamine* L. | 碎米荠 | *Cardamine hirsuta* L. |
| | 荠属 *Capsella* Medic. | 荠菜 | *Capsella bursa-pastoris* (L.) Medic. |
| | 播娘蒿属 *Descurainia* Webb et Berth. | 播娘蒿 | *Descurainia sophia* (L.) Webb. ex Prantl |
| | 臭荠属 *Coronopus* J. G. Zinn | 臭荠 | *Coronopus didymus* (L.) J. E. Smith |
| | 萝卜属 *Raphanus* L. | 萝卜 | *Raphanus sativus* L. |
| | 芸苔属 *Brassica* L. | 青菜 | *Brassica chinensis* L. |
| | | 卷心菜 | *Brassica oleracea* L. |
| | | 塌棵菜 | *Brassica narinosa* L. |
| | | 油菜 | *Brassica campestris* L. |
| | | 羽衣甘蓝 | *Brassica oleracea* L. var. *acephala* DC. f. *tricolor* Hort. |
| | 蔊菜属 *Rorippa* Scop. | 广州蔊菜 | *Rorippa cantoniensis* (Lour.) Ohwi |
| | | 沼生蔊菜 | *Rorippa islandica* (Oed.) Borb. |
| | | 印度蔊菜 | *Rorippa indica* (L.) Hiern. |
| | | 风花菜 | *Rorippa globosa* (Turcz.) Hayek |
| | 葶苈属 *Draba* L. | 葶苈 | *Draba nemorosa* L. |
| | 菥蓂属 *Thlaspi* L. | 菥蓂 | *Thlaspi arvense* L. |
| | 独行菜属 *Lepidium* L. | 北美独行菜 | *Lepidium virginicum* L. |
| 悬铃木科<br>Platanaceae | 悬铃木属 *Platanus* L. | 二球悬铃木 | *Platanus acerifolia* Willd. |

| 科名 | 属名 | 中文名 | 拉丁学名 |
|---|---|---|---|
| 金缕梅科 Hamamelidaceae | 枫香树属 *Liquidambar* L. | 枫香 | *Liquidambar formosana* Hance |
| | 檵木属 *Loropetalum* R. Brown | 红花檵木 | *Loropetalum chinense* Oliver var. *rubrum* Yieh |
| | 蚊母树属 *Distylium* Sieb. et Zucc. | 蚊母树 | *Distylium racemosum* Sieb. et Zucc. |
| 虎耳草科 Saxifragaceae | 绣球属 *Hydrangea* L. | 绣球 | *Hydrangea macrophylla*（Thunb.）Ser. |
| 景天科 Crassulaceae | 瓦松属 *Orostachys*（DC.）Fisch. | 瓦松 | *Orostachys fimbriatus*（Turcz.）Berger |
| | 景天属 *Sedum* L. | 垂盆草 | *Sedum sarmentosum* Bunge |
| | | 费菜 | *Sedum aizoon* L. |
| 海桐花科 Pittosporaceae | 海桐花属 *Pittosporum* Banks | 海桐 | *Pittosporum tobira*（Thunb.）Ait. |
| 蔷薇科 Rosaceae | 绣线菊属 *Spiraea* L. | 中华绣线菊 | *Spiraea chinensis* Maxim. |
| | | 粉花绣线菊 | *Spiraea japonica* L. f. |
| | | 白鹃梅 | *Exochorda racemosa*（Lindl.）Rehd. |
| | | 石楠 | *Photinia serratifolia*（Desf.）Kalkman |
| | 火棘属 *Pyracantha* Roem. | 火棘 | *Pyracantha fortuneana*（Maxim.）Li |
| | 木瓜属 *Chaenomeles* Lindl. | 木瓜 | *Chaenomeles sinensis*（Thouin）Koehne |
| | 枇杷属 *Eriobotrya* Lindl. | 枇杷 | *Eriobotrya japonica*（Thunb.）Lindl. in |
| | 花楸属 *Sorbus* L. | 水榆花楸 | *Sorbus alnifolia*（Sieb. et Zucc.）K. Koch |
| | 梨属 *Pyrus* L. | 杜梨 | *Pyrus betulaefolia* Bge. |
| | 苹果属 *Malus* Mill. | 山荆子 | *Malus baccata*（L.）Borkh. |
| | | 楸子 | *Malus prunifolia*（Willd.）Borkh. |
| | | 垂丝海棠 | *Malus halliana* Koehne |
| | 地榆属 *Sanguisorba* L. | 宽蕊地榆 | *Sanguisorba applanata* Yu et Li |
| | 蔷薇属 *Rosa* L. | 野蔷薇 | *Rosa multiflora* Thunb. |
| | | 粉团蔷薇 | *Rosa multiflora* Thunb. var. *cathayensis* Rehd. et Wils. |
| | | 山刺玫 | *Rosa davurica* Pall. |
| | | 月季花 | *Rosa chinensis* Jacq. |

续表

| 科名 | 属名 | 中文名 | 拉丁学名 |
|---|---|---|---|
| 蔷薇科 Rosaceae | 龙芽草属 *Agrimonia* L. | 龙芽草 | *Agrimonia pilosa* Ldb. |
| | 悬钩子属 *Rubus* L. | 茅莓 | *Rubus parvifolius* L. |
| | 蛇莓属 *Duchesnea* J. E. Smith | 蛇莓 | *Duchesnea indica*（Andr.）Focke |
| | 委陵菜属 *Potentilla* L. | 委陵菜 | *Potentilla chinensis* Ser. |
| | | 莓叶委陵菜 | *Potentilla fragarioides* L. |
| | | 朝天委陵菜 | *Potentilla supina* L. |
| | 李属 *Prunus* L. | 李 | *Prunus salicina* Lindl. |
| | | 紫叶李 | *Prunus cerasifera* Ehrhar f. *atropurpurea*（Jacq.）Rehd. |
| | 杏属 *Armeniaca* Mill. | 杏 | *Armeniaca vulgaris* Lam. |
| | | 梅 | *Armeniaca mume* Sieb. |
| | 桃属 *Amygdalus* L. | 桃 | *Amygdalus persica* L. |
| | | 碧桃 | *Amygdalus persica* L. var. *persica* f. *duplex* Rehd. |
| | | 山桃 | *Amygdalus davidiana*（Carrière）de Vos ex Henry |
| | | 榆叶梅 | *Amygdalus triloba*（Lindl.）Ricker |
| | 樱属 *Cerasus* Mill. | 樱桃 | *Cerasus pseudocerasus*（Lindl.）G. Don |
| | | 东京樱花 | *Cerasus yedoensis*（Matsum.）Yu et Li |
| | | 日本晚樱 | *Cerasus serrulata*（Lindl.） |
| | 山楂属 *Crataegus* L. | 野山楂 | *Crataegus cuneatae* Sieb et Zucc. |
| 豆科 Leguminosae | 合欢属 *Albizia* Durazz. | 合欢 | *Albizia julibrissin* Durazz. |
| | | 山合欢 | *Albizia kalkora*（Roxb.）Prain |
| | 皂荚属 *Gleditsia* L. | 皂荚 | *Gleditsia sinensis* Lam. |
| | 紫荆属 *Cercis* L. | 紫荆 | *Cercis chinensis* Bunge |
| | 决明属 *Cassia* L. | 决明 | *Cassia tora* Linn. |
| | | 望江南 | *Cassia occidentalis* Linn. |
| | 槐属 *Sophora* L. | 槐 | *Sophora japonica* Linn. |
| | | 龙爪槐 | *Sophora japonica* Linn. var. *japonica* f. *pendula* Hort. |

| 科名 | 属名 | 中文名 | 拉丁学名 |
|---|---|---|---|
| 豆科<br>Leguminosae | 刺槐属 *Robinia* L. | 刺槐 | *Robinia pseudoacacia* Linn. |
| | 紫穗槐属 *Amorpha* L. | 紫穗槐 | *Amorpha fruticosa* Linn. |
| | 黄檀属 *Dalbergia* L. f. | 黄檀 | *Dalbergia hupeana* Hance |
| | 草木犀属 *Melilotus* Miller | 草木樨 | *Melilotus officinalis*（Linn.）Pall. |
| | 车轴草属 *Trifolium* L. | 白车轴草 | *Trifolium repens* L. |
| | 紫穗槐属 *Amorpha* L. | 紫穗槐 | *Amorpha fruticosa* Linn. |
| | 紫藤属 *Wisteria* Nutt. | 紫藤 | *Wisteria sinensis*（Sims）Sweet. |
| | | 藤萝 | *Wisteria villosa* Rehd. |
| | 胡枝子属 *Lespedeza* Michx. | 胡枝子 | *Lespedeza bicolor* Turcz. |
| | 田菁属 *Sesbania* Scop. | 田菁 | *Sesbania cannabina*（Retz.）Poir. |
| | 合萌属 *Aeschynomene* L. | 合萌 | *Aeschynomene indica* Linn. |
| | 鸡眼草属 *Kummerowia* Schindl. | 鸡眼草 | *Kummerowia striata*（Thunb.）Schindl. |
| | | 长萼鸡眼草 | *Kummerowia stipulacea*（Maxim.）Makino |
| | 野豌豆属 *Vicia* L. | 蚕豆 | *Vicia faba* Linn. |
| | | 广布野豌豆 | *Vicia cracca* Linn. |
| | | 大野豌豆 | *Vicia gigantea* Bunge |
| | | 救荒野豌豆 | *Vicia sativa* L. |
| | | 小巢菜 | *Vicia hirsuta*（L.）S. F. Gray |
| | | 长柔毛野豌豆 | *Vicia villosa* Roth |
| | 扁豆属 *Lablab* Adans. | 扁豆 | *Lablab purpureus*（Linn.）Sweet |
| | 菜豆属 *Phaseolus* L. | 菜豆 | *Phaseolus vulgaris* Linn. |
| | 豇豆属 *Vigna* Savi | 豇豆 | *Vigna unguiculata*（Linn.）Walp. |
| | | 绿豆 | *Vigna radiata*（Linn.）Wilczek |
| | 扁豆属 *Lablab* Adans. | 扁豆 | *Lablab purpureus*（Linn.）Sweet |
| | 大豆属 *Glycine* Willd. | 野大豆 | *Glycine soja* Sieb. et Zucc. |
| | | 大豆 | *Glycine max*（Linn.）Merr. |
| | 决明属 *Cassia* L. | 决明 | *Cassia tora* Linn. |

续表

| 科名 | 属名 | 中文名 | 拉丁学名 |
|---|---|---|---|
| 酢浆草科<br>Oxalidaceae | 酢浆草属 *Oxalis* L. | 酢浆草 | *Oxalis corniculata* L. |
| 牻牛儿苗科<br>Geraniaceae | 老鹳草属 *Geranium* L. | 老鹳草 | *Geranium wilfordii* Maxim. |
| 芸香科<br>Rutaceae | 花椒属 *Zanthoxylum* L. | 花椒 | *Zanthoxylum bungeanum* Maxim. |
| | | 竹叶花椒 | *Zanthoxylum armatum* DC. |
| | | 野花椒 | *Zanthoxylum simulans* Hance |
| | 枳属 *Poncirus* Raf. | 枳 | *Poncirus trifoliata*（L.）Raf. |
| 苦木科<br>Simaroubaceae | 臭椿属 *Ailanthus* Desf. | 臭椿 | *Ailanthus altissima*（Mill.）Swingle |
| | 苦树属 *Picrasma* Bl. | 苦木 | *Picrasma quassioides*（D. Don）Benn. |
| 楝科<br>Meliaceae | 楝属 *Melia* Linn. | 苦楝 | *Melia azedarach* Linn. |
| | | 川楝 | *Melia toosendan* Sieb. et Zucc |
| | 香椿属 *Toona* Roem. | 香椿 | *Toona sinensis*（A. Juss.）Roem. |
| 大戟科<br>Euphorbiaceae | 大戟属 *Euphorbia* L. | 地锦 | *Euphorbia humifusa* Willd. ex Schlecht. |
| | | 斑地锦 | *Euphorbia maculata* Linn. |
| | | 泽漆 | *Euphorbia helioscopia* Linn. |
| | | 乳浆大戟 | *Euphorbia esula* Linn. |
| | 地构叶属 *Speranskia* Baill. | 地构叶 | *Speranskia tuberculata*（Bunge）Baill. |
| | 叶下珠属 *Phyllanthus* L. | 青灰叶<br>下珠 | *Phyllanthus glaucus* Wall. ex Muell. Arg. |
| | | 算盘子 | *Glochidion puberum*（L.）Hutch. |
| | 蓖麻属 *Ricinus* L. | 蓖麻 | *Ricinus communis* L. |
| | 铁苋菜属 *Acalypha* L. | 铁苋菜 | *Acalypha australis* L. |
| | 秋枫属 *Bischofia* Bl. | 重阳木 | *Bischofia polycarpa*（Levl.）Airy Shaw |
| | 油桐属 *Vernicia* Lour. | 油桐 | *Vernicia fordii*（Hemsl.）Airy Shaw |
| | 乌桕属 *Sapium* P. Br. | 乌桕 | *Sapium sebiferum*（L.）Roxb. |
| 瑞香科<br>Thymelaeaceae | 结香属 *Edgeworthia* Meissn. | 结香 | *Edgeworthia chrysantha* Lindl. |
| | 瑞香属 *Daphne* L. | 芫花 | *Daphne genkwa* Sieb. et Zucc. |

| 科名 | 属名 | 中文名 | 拉丁学名 |
|---|---|---|---|
| 漆树科 Anacardiaceae | 黄连木属 *Pistacia* L. | 黄连木 | *Pistacia chinensis* Bunge |
| | 盐肤木属 *Rhus* L. | 盐肤木 | *Rhus chinensis* Mill. |
| | 南酸枣属 *Choerospondias* Burtt. et Hill | 南酸枣 | *Choerospondias axillaris*（Roxb.） Burtt et Hill. |
| 槭树科 Aceraceae | 槭属 *Acer* L. | 元宝槭 | *Acer truncatum* Bunge |
| | | 鸡爪槭 | *Acer palmatum* Thunb. |
| | | 三角枫 | *Acer buergerianum* Miq. |
| | | 五角枫 | *Acer mono* Maxim. |
| 无患子科 Sapindaceae | 栾树属 *Koelreuteria* Laxm. | 栾树 | *Koelreuteria paniculata* Laxm. |
| | | 全缘叶栾树 | *Koelreuteria bipinnata* Franch. var. *integrifoliola*（Merr.）T. Chen |
| | | 复羽叶 | *Koelreuteria bipinnata* Franch |
| | | 无患子 | *Sapindus mukorossi* Gaertn. |
| 清风藤科 Sabiaceae | 泡花树属 *Meliosma* Bl. | 细花泡花树 | *Meliosma parviflora* Lecomte |
| 凤仙花科 Balsaminaceae | 凤仙花属 *Impatiens* L. | 凤仙花 | *Impatiens balsamina* L. |
| 冬青科 Aquifoliaceae | 冬青属 *Ilex* L. | 枸骨 | *Ilex cornuta* Lindl. et Paxt. |
| 卫矛科 Celastraceae | 卫矛属 *Euonymus* L. | 丝绵木 | *Euonymus maackii* Rupr. |
| | | 卫矛 | *Euonymus alatus*（Thunb.）Sieb. |
| | | 陕西卫矛 | *Euonymus schensianus* Maxim. |
| | | 冬青卫矛 | *Euonymus japonicus* Thunb. |
| | | 金边黄杨 | *Euonymus japonica* Thunb. var. *aureo-marginata* Regel. |
| | | 栓翅卫矛 | *Euonymus phellomana* Loes |
| | | 扶芳藤 | *Euonymus fortunei*（Turcz.）Hand. -Mazz. |
| | 南蛇藤属 *Celastrus* L. | 苦皮藤 | *Celastrus angulatus* Maxim. |
| | | 南蛇藤 | *Celastrus orbiculatus* Thunb. |

| 科名 | 属名 | 中文名 | 拉丁学名 |
|---|---|---|---|
| 黄杨科 Buxaceae | 黄杨属 *Buxus* L. | 黄杨 | *Buxus sinica*（Rehd. et Wils.）Cheng ex M. Cheng |
| | | 雀舌黄杨 | *Buxus bodinieri* Levl. |
| | | 小叶黄杨 | *Buxus sinica*（Rehd. et Wils.）Cheng ex M. Cheng var. *parvifolia* M. Cheng |
| | | 大叶黄杨 | *Buxus megistophylla* Levl. |
| 鼠李科 Rhamnaceae | 鼠李属 *Rhamnus* L. | 圆叶鼠李 | *Rhamnus diamantiaca* Nakai |
| | | 酸枣 | *Ziziphus jujuba* Mill. var. *spinosa* (Bunge) Hu ex H. F. Chow |
| | | 枣 | *Ziziphus jujuba* Mill. |
| | | 冻绿 | *Rhamnusutilis* Decne |
| 漆树科 Anacardiaceae | 南酸枣属 *Choerospondias* Burtt et Hill | 南酸枣 | *Choerospondias axillaris* （Roxb.）Burtt et Hill. |
| 葡萄科 Vitaceae | 葡萄属 *Vitis* L. | 葡萄 | *Vitis vinifera* L. |
| | | 山葡萄 | *Vitis amurensis* Rupr. |
| | 蛇葡萄属 *Ampelopsis* Michaux | 异叶蛇葡萄 | *Ampelopsis glandulosa* var. *heterophylla*（Thunb.）Momiy. |
| | | 蛇葡萄 | *Ampelopsis bodinieri*（Levl. et Vant.）Rehd. |
| | | 白蔹 | *Ampelopsis japonica*（Thunb.）Makino |
| | 地锦属 *Parthenocissus* Planch. | 爬山虎 | *Parthenocissus tricuspidata*（Sieb. &. Zucc.）Planch. |
| | 乌蔹莓属 *Cayratia* Juss. | 乌蔹莓 | *Cayratia japonica*（Thunb.）Gagnep. |
| 椴树科 Tiliaceae | 扁担杆属 *Grewia* L. | 扁担杆 | *Grewia biloba* G. Don |
| | 田麻属 *Corchoropsis* Sieb. et Zucc. | 光果田麻 | *Corchoropsis crenata* var. *hupehensis* Pamp. |
| 锦葵科 Malvaceae | 苘麻属 *Abutilon* Miller | 苘麻 | *Abutilon theophrasti* Medicus |
| | 木槿属 *Hibiscus* L. | 木槿 | *Hibiscus syriacus* Linn. |
| | | 木芙蓉 | *Hibiscus mutabilis* Linn. |
| | | 野西瓜苗 | *Hibiscus trionum* Linn. |
| | 锦葵属 *Malva* L. | 野葵 | *Malva verticillata* Linn. |
| | 蜀葵属 *Althaea* L. | 蜀葵 | *Althaea rosea*（Linn.）Cavan. |
| | 棉属 *Gossypium* L. | 树棉 | *Gossypium arboreum* Linn. |
| | 黄花稔属 *Sida* L. | 湖南黄花稔 | *Sida cordifolioides* Feng. |

续表

| 科名 | 属名 | 中文名 | 拉丁学名 |
|---|---|---|---|
| 梧桐科 Sterculiaceae | 梧桐属 *Firmiana* Marsili | 梧桐 | *Firmiana simplex*（L.）W. Wight |
| 胡颓子科 Elaeagnaceae | 胡颓子属 *Elaeagnus* L. | 木半夏 | *Elaeagnus multiflora* Thunb. |
| 堇菜科 Violaceae | 堇菜属 *Viola* L. | 堇菜 | *Viola arcuata* Blume |
| | | 紫花地丁 | *Viola philippica* Cav. |
| | | 斑叶堇菜 | *Viola variegata* Fisch ex Link |
| | | 戟叶堇菜 | *Viola betonicifolia* J. E. Smith |
| 葫芦科 Cucurbitaceae | 南瓜属 *Cucurbita* L. | 南瓜 | *Cucurbita moschata*（Duch. ex Lam.）Duch. ex Poiret |
| | 绞股蓝属 *Gynostemma* Bl. | 绞股蓝 | *Gynostemma pentaphyllum*（Thunb.）Makino |
| | 马㼎儿属 *Zehneria* Endl. | 马㼎儿 | *Zehneria indica*（Lour.）Keraudren |
| 千屈菜科 Lythraceae | 紫薇属 *Lagerstroemia* L. | 紫薇 | *Lagerstroemia indica* Linn. |
| | 千屈菜属 *Lythrum* L. | 千屈菜 | *Lythrum salicaria* Linn. |
| | 节节菜属 *Rotala* L. | 节节菜 | *Rotala indica*（Willd.）Koehne |
| 菱科 Trapaceae | 菱属 *Trapa* L. | 野菱 | *Trapa incisa* Sieb. & Zucc. |
| 石榴科 Punicaceae | 石榴属 *Punica* L. | 石榴 | *Punica granatum* Linn. |
| 小二仙草科 Haloragidaceae | 狐尾藻属 *Myriophyllum* L. | 穗状狐尾藻 | *Myriophyllum spicatum* L. |
| 八角枫科 Alangiaceae | 八角枫属 *Alangium* Lam. | 八角枫 | *Alangium chinense*（Lour.）Harms |
| 蓝果树科 Nyssaceae | 喜树属 *Camptotheca* Decne. | 喜树 | *Camptotheca acuminata* Decne. |
| 山茱萸科 Cornaceae | 桃叶珊瑚属 *Aucuba* Thunb. | 花叶青木 | *Aucuba japonica* Thunb. var. *variegata* D'ombr. |
| 五加科 Araliaceae | 八角金盘属 *Fatsia* Decne. Planch. | 八角金盘 | *Fatsia japonica*（Thunb.）Decne. et Planch. |
| | 常春藤属 *Hedera* L. | 常春藤 | *Hedera nepalensis* K. Koch var. *sinensis*（Tobl.）Rehd. |
| | 通脱木属 *Tetrapanax* K. Koch | 通脱木 | *Tetrapanax papyrifer*（Hook.）K. Koch |

续表

| 科名 | 属名 | 中文名 | 拉丁学名 |
|---|---|---|---|
| 伞形科<br>Umbelliferae | 窃衣属 *Torilis* Adans. | 窃衣 | *Torilis scabra*（Thunb.）DC. |
| | 水芹属 *Oenanthe* L. | 水芹 | *Oenanthe javanica*（Bl.）DC. |
| | 蛇床属 *Cnidium* Cuss. | 蛇床 | *Cnidium monnieri*（L.）Cuss. |
| | 天胡荽属 *Hydrocotyle* L. | 天胡荽 | *Hydrocotyle sibthorpioides* Lam. |
| | 芹属 *Apium* L. | 细叶芹 | *Apium leptophyllum* F. Muell. |
| | 胡萝卜属 *Daucus* L. | 胡萝卜 | *Daucus carota* L. var. *sativa* Hoffm. |
| | | 野胡萝卜 | *Daucus carota* L. |
| 杜鹃花科<br>Ericaceae | 杜鹃属 *Rhododendron* L. | 杜鹃 | *Rhododendron simsii* Planch. |
| | | 皋月杜鹃 | *Rhododendron indicum*（L.）Sweet |
| 报春花科<br>Primulaceae | 点地梅属 *Androsace* L. | 点地梅 | *Androsace umbellata*（Lour.）Merr. |
| | 珍珠菜属 *Lysimachia* L. | 泽珍珠菜 | *Lysimachia candida* Lindl. |
| 柿科<br>Ebenaceae | 柿属 *Diospyros* L. | 柿 | *Diospyros kaki* Thunb. |
| | | 老鸦柿 | *Diospyros rhombifolia* Hemsl. |
| | | 君迁子 | *Diospyros lotus* L. |
| 山矾科<br>Symplocaceae | 山矾属 *Symplocos* Jacq. | 白檀 | *Symplocos paniculata*（Thunb.）Miq. |
| 木犀科<br>Oleaceae | 梣属 *Fraxinus* L. | 白蜡树 | *Fraxinus chinensis* Roxb. |
| | 木犀属 *Osmanthus* Lour. | 桂花 | *Osmanthus fragrans*（Thunb.）Lour. |
| | 女贞属 *Ligustrum* L. | 女贞 | *Ligustrum lucidum* Ait. |
| | | 小叶女贞 | *Ligustrum quihoui* Carr. |
| | | 小蜡 | *Ligustrum sinense* Lour. |
| | 丁香属 *Syringa* L. | 紫丁香 | *Syringa oblata* Lindl. |
| | | 白丁香 | *Syringa oblata* Lindl. var. *alba* Hort. ex Rehd |
| | 茉莉属 *Jasminum* L. | 茉莉花 | *Jasminum sambac*（L.）Ait. |
| | | 迎春花 | *Jasminum nudiflorum* Lindl |
| 龙胆科<br>Gentianaceae | 莕菜属 *Nymphoides* Seguier | 莕菜 | *Nymphoides peltatum*（Gmel.）O. Kuntze |
| 夹竹桃科<br>Apocynaceae | 夹竹桃属 *Nerium* L. | 夹竹桃 | *Nerium indicum* Mill. |
| | 络石属 *Trachelospermum* Lem. | 络石 | *Trachelospermum jasminoides*（Lindl.）Lem. |

续表

| 科名 | 属名 | 中文名 | 拉丁学名 |
|---|---|---|---|
| 萝藦科 Asclepiadaceae | 鹅绒藤属 *Cynanchum* L. | 牛皮消 | *Cynanchum auriculatum* Royle ex Wight |
| | | 鹅绒藤 | *Cynanchum chinense* R. Br. |
| 茜草科 Rubiaceae | 茜草属 *Rubia* L. | 茜草 | *Rubia cordifolia* Linn. |
| | 拉拉藤属 *Galium* L. | 猪殃殃 | *Galium aparine* Linn. var. *tenerum* (Gren. et Godr.) Rchb. |
| | | 狭叶 四叶葎 | *Galium bungei* Steud. var. *angustifolium* (Loesen.) Cuf. |
| | 栀子属 *Gardeni* a Ellis | 栀子 | *Gardenia jasminoides* Ellis |
| 旋花科 Convolvulaceae | 牵牛属 *Pharbitis* Choisy | 圆叶牵牛 | *Pharbitis purpurea*（Linn.）Voigt |
| | | 牵牛 | *Pharbitis nil*（Linn.）Choisy |
| | 旋花属 *Convolvulus* L. | 田旋花 | *Convolvulus arvensis* Linn. |
| | 打碗花属 *Calystegia* R. Br. | 打碗花 | *Calystegia hederacea* Wall. ex. Roxb. |
| 紫草科 Boraginaceae | 附地菜 *Trigonotis* Stev. | 附地菜 | *Trigonotis peduncularis*（Trev.）Benth. ex Baker et Moore |
| | 紫草属 *Lithospermum* L. | 田紫草 | *Lithospermum arvense* L. |
| | 斑种草属 *Bothriospermum* Bge. | 多苞斑 种草 | *Bothriospermum secundum* Maxim. |
| 马鞭草科 Verbenaceae | 马鞭草属 *Verbena* L. | 马鞭草 | *Verbena officinalis* Linn. |
| | 牡荆属 *Vitex* Linn. | 黄荆 | *Vitex negundo* Linn |
| | | 牡荆 | *Vitex negundo* Linn. var. *cannabifolia* (Sieb. et Zucc.) Hand. -Mazz. |
| | | 荆条 | *Vitex negundo* Linn. var. *heterophylla* (Franch.) Rehd. |
| | 大青属 *Clerodendrum* L. | 海州常山 | *Clerodendrum trichotomum* Thunb. |
| 茄科 Solanaceae | 枸杞属 *Lycium* L. | 枸杞 | *Lycium chincnse* Mill. |
| | 茄属 *Solanum* L. | 龙葵 | *Solanum nigrum* L. |
| | | 野海茄 | *Solanum japonense* Nakai |
| | | 白英 | *Solanum lyratum* Thunb. |
| | 曼陀罗属 *Datura* L. | 曼陀罗 | *Darura stramonium* L. |
| | 假酸浆属 *Nicandra* Adans. | 假酸浆 | *Nicandra physaloides*（L.）Gaertn. |

续表

| 科名 | 属名 | 中文名 | 拉丁学名 |
|---|---|---|---|
| 唇形科 Labiatae | 益母草属 Leonurus L. | 益母草 | *Leonurus artemisia*（Lour.）S. Y. Hu |
| | | 錾菜 | *Leonurus pseudomacranthus* Kitagawa |
| | 薄荷属 Mentha L. | 薄荷 | *Mentha haplocalyx* Briq. |
| | 筋骨草属 Ajuga L. | 紫背金盘 | *Ajuga nipponensis* Makino |
| | 紫苏属 Perilla L. | 紫苏 | *Perilla frutescens*（Linn.）Britt. |
| | 夏枯草属 Prunella L. | 夏枯草 | *Prunella vulgaris* L. |
| | 地笋属 Lycopus L. | 地笋 | *Lycopus lucidus* Turcz. |
| | 鼠尾草属 Salvia L. | 小叶地笋 | *Lycopus coreanus* Levl. |
| | | 荔枝草 | *Salvia plebeia* R. Br. |
| | 香茶菜属 Isodon（Schrad ex Benth.）Kudo | 内折香茶菜 | *Isodon inflexa*（Thunb.）Hara |
| | | 香茶菜 | *Isodon amethystoides*（Benth.）Hara. |
| | | 大萼香茶菜 | *Isodon macrocalyx*（Dunn）Hara. |
| | 石荠苎属 Mosla Buch. -Ham. ex Maxim. | 小鱼仙草 | *Mosla dianthera*（Buch. -Ham.）Maxim. |
| | 野芝麻属 Lamium L. | 野芝麻 | *Lamium barbatum* Sieb. et Zucc. |
| 玄参科 Scrophulariaceae | 泡桐属 Paulownia Sieb. et Zucc. | 毛泡桐 | *Paulownia tomentosa*（Thunb.）Steud. |
| | | 兰考泡桐 | *Paulownia elongata* S. Y. Hu |
| | 婆婆纳属 Veronica L. | 婆婆纳 | *Veronica didyma* Tenore |
| | | 阿拉伯婆婆纳 | *Veronica persica* Poir. |
| | | 直立婆婆纳 | *Veronica arvensis* L. |
| | | 北水苦荬 | *Veronica anagallis-aquatica* L. |
| | 通泉草属 Mazus Lour. | 通泉草 | *Mazus japonicus*（Thunb.）O. Kuntze |
| 紫葳科 Bignoniaceae | 凌霄属 Campsis Lour. | 凌霄 | *Campsis grandiflora*（Thunb.）Schum. |
| | 梓属 Catalpa Scop. | 梓树 | *Catalpa ovata* G. Don |
| | | 楸树 | *Catalpa bungei* C. A. Mey. |
| 爵床科 Acanthaceae | 爵床属 Rostellularia Reichenb. | 爵床 | *Rostellularia procumbens*（L.）Nees |

| 科名 | 属名 | 中文名 | 拉丁学名 |
|---|---|---|---|
| 胡麻科<br>Pedaliaceae | 胡麻属 *Sesamum* L. | 芝麻 | *Sesamum indicum* DC. |
| 透骨草科<br>Phrymaceae | 透骨草属 *Phryma* L. | 透骨草 | *Phryma leptostachya* L. subsp. *asiatica*（Hara）Kitamura |
| 车前科<br>Plantaginaceae | 车前属 *Plantago* L. | 车前 | *Plantago asiatica* L. |
| | | 北美车前 | *Plantago virginica* L. |
| 忍冬科<br>Caprifoliaceae | 忍冬属 *Lonicera* Linn. | 金银忍冬 | *Lonicera maackii*（Rupr.）Maxim. |
| | | 忍冬 | *Lonicera japonica* Thunb. |
| | 荚蒾属 *Viburnum* Linn. | 荚蒾 | *Viburnum dilatatum* Thunb. |
| | 接骨木属 *Sambucus* Linn. | 接骨草 | *Sambucus chinensis* Lindl. |
| | 荚蒾属 *Viburnum* Linn. | 日本珊瑚树 | *Viburnum odoratissimum* Ker-Gawl. var. *awabuki*（K. Koch）Zabel ex Rumpl. |
| | 锦带花属 *Weigela* Thunb. | 水马桑 | *Weigela japonica* Thunb. var. *sinica*（Rehd.）Bailey |
| 桔梗科<br>Campanulaceae | 沙参属 *Adenophora* Fisch. | 沙参 | *Adenophora stricta* Miq. |
| | | 石沙参 | *Adenophora polyantha* Nakai |
| | 桔梗属 *Platycodon* A. DC. | 桔梗 | *Platycodon grandiflorus*（Jacq.）A. DC. |
| | 半边莲属 *Lobelia* L. | 半边莲 | *Lobelia chinensis* Lour. |
| 菊科<br>Compositae | 泽兰属 *Eupatorium* L. | 林泽兰 | *Eupatorium lindleyanum* DC. |
| | 一枝黄花属 *Solidago* L. | 一枝黄花 | *Solidago decurrens* Lour. |
| | | 加拿大一枝黄花 | *Solidago canadensis* L. |
| | 紫菀属 *Aster* L. | 紫菀 | *Aster tataricus* L. f. var. *petersianus* Hort. ex Bailey |
| | | 钻叶紫菀 | *Aster subulatus* Michx. |
| | 飞蓬属 *Erigeron* L. | 一年蓬 | *Erigeron annuus*（L.）Pers. |
| | 白酒草属 *Conyza* Less. | 野塘蒿 | *Conyza bonariensis*（L.）Cronq. |
| | | 小飞蓬 | *Conyza canadensis*（L.）Cronq. |
| | 天名精属 *Carpesium* L. | 烟管头草 | *Carpesium cernuum* L. |
| | | 天名精 | *Carpesium abrotanoides* L. |

| 科名 | 属名 | 中文名 | 拉丁学名 |
|------|------|--------|----------|
| 菊科 Compositae | 苍耳属 *Xanthium* L. | 苍耳 | *Xanthium sibiricum* Patrin ex Widder |
| | 鸦葱属 *Scorzonera* L. | 桃叶鸦葱 | *Scorzonera sinensis* Lipsch. et Krasch. ex Lipsch. |
| | 豚草属 *Ambrosia* L. | 豚草 | *Ambrosia artemisiifolia* L. |
| | 鳢肠属 *Eclipta* L. | 鳢肠 | *Eclipta prostrata*（L.）L. |
| | 向日葵属 *Helianthus* L. | 菊芋 | *Helianthus tuberosus* L. |
| | 鬼针草属 *Bidens* L. | 鬼针草 | *Bidens pilosa* L. |
| | | 狼杷草 | *Bidens tripartita* L. |
| | | 大狼杷草 | *Bidens frondosa* L. |
| | 菊属 *Dendranthema*（DC.）Des Moul. | 菊花 | *Dendranthema morifolium*（Ramat.）Tzvel. |
| | | 野菊 | *Dendranthema indicum*（L.）Des Moul. |
| | 蒿属 *Artemisia* Linn. | 青蒿 | *Artemisia carvifolia* Buch.-Ham. ex Roxb. |
| | | 野艾蒿 | *Artemisia lavandulaefolia* DC. |
| | | 艾 | *Artemisia argyi* Levl. et Van. |
| | | 牡蒿 | *Artemisia japonica* Thunb. |
| | | 黄花蒿 | *Artemisia annua* Linn. |
| | | 蒌蒿 | *Artemisia selengensis* Turcz. ex Bess. |
| | | 红足蒿 | *Artemisia rubripes* Nakai |
| | | 茵陈蒿 | *Artemisia capillaris* Thunb. |
| | | 蒙古蒿 | *Artemisia mongolica*（Fisch. ex Bess.）Nakai |
| | | 南艾蒿 | *Artemisia verlotorum* Lamotte |
| | 蓟属 *Cirsium* Adans. | 刺儿菜 | *Cirsium setosum*（Willd.）MB. |
| | 蓝刺头属 *Echinops* L. | 华东蓝刺头 | *Echinops grijisii* Hance. |
| | 泥胡菜属 *Hemistepta* Bunge | 泥胡菜 | *Hemistepta lyrata*（Bunge）Bunge |
| | 风毛菊属 *Saussurea* DC. | 风毛菊 | *Saussurea japonica*（Thunb.）DC. |
| | 蒲公英属 *Taraxacum* F. H. Wigg. | 蒲公英 | *Taraxacum mongolicum* Hand.-Mazz. |

| 科名 | 属名 | 中文名 | 拉丁学名 |
|---|---|---|---|
| 菊科 Compositae | 苦苣菜属 *Sonchus* L. | 苦苣菜 | *Sonchus oleraceus* L. |
| | 苦荬菜属 *Ixeris* Cass. | 苦荬菜 | *Ixeris denticulat*（Houtt.）Stebb. |
| | 碱菀属 *Tripolium* Nees | 碱菀 | *Tripolium vulgare* Nees |
| | 火绒草属 *Leontopodium* R. Brown | 薄雪火绒草 | *Leontopodium japonicum* Miq. |
| | 牛膝菊属 *Galinsoga* Ruiz et Pav. | 粗毛牛膝菊 | *Galinsoga ciliate*（Rafin）S. R. Blake |
| | 泽兰属 *Eupatorium* L. | 泽兰 | *Eupatorium japonicum* Thunb. |
| | 豨莶属 *Siegesbeckia* L. | 豨莶 | *Siegesbeckia orientalis* L. |
| | | 腺梗豨莶 | *Siegesbeckia pubescens* Makino |
| | 马兰属 *Kalimeris* Cass. | 毡毛马兰 | *Kalimeris shimadai*（Kitam.）Kitam. |
| | | 马兰 | *Kalimeris indica*（L.）Sch. -Bip. |
| | 麻花头属 *Serratula* L. | 碗苞麻花头 | *Serratula chanetii* Levl. |
| | 三七属 *Gynura* Gass. | 菊三七 | *Gynura segetum*（Lour.）Merr. |
| | 飞廉属 *Carduus* L. | 飞廉 | *Carduus crispus* L. |
| | 黄鹌菜属 *Youngia* Cass. | 黄鹌菜 | *Youngia japonica*（L.）DC. |
| | 翅果菊属 *Pterocypsela* Shih | 翅果菊 | *Pterocypsela indica*（L.）Shih |
| 眼子菜科 Potamogetonaceae | 眼子菜属 *Potamogeton* Linn. | 菹草 | *Potamogeton crispus* L. |
| 百合科 Liliaceae | 天门冬属 *Asparagus* L. | 天门冬 | *Asparagus cochinchinensis*（Lour.）Merr |
| | 土麦冬属 *Liriope* Lour. | 土麦冬 | *Liriope spicata*（Thunb.）Lour. |
| | 沿阶草属 *Ophiopogon* Ker-Gawl. | 沿阶草 | *Ophiopogon japonicas*（L. f.）Ker-Gawl. |
| | 葱属 *Allium* L. | 葱 | *Allium fistulosum* L. |
| | | 薤白 | *Allium macrostemon* Bunge |
| | | 蒜 | *Allium sativum* L. |
| | | 韭 | *Allium tuberosum* Rottl. ex Spreng. |
| | 绵枣儿属 *Scilla* L. | 绵枣儿 | *Scilla scilloides*（Lindl.）Druce |
| | 菝葜属 *Smilax* L. | 菝葜 | *Smilax china* L. |
| | 萱草属 *Hemerocallis* L. | 黄花菜 | *Hemerocallis citrina* Baroni |
| | 沿阶草属 *Ophiopogon* Ker-Gawl. | 沿阶草 | *Ophiopogon bodinieri* Levl. |

| 科名 | 属名 | 中文名 | 拉丁学名 |
|------|------|--------|----------|
| 百部科<br>Stemonaceae | 百部属 *Stemona* Lour. | 直立百部 | *Stemona sessilifolia*（Miq.）Miq. |
| 石蒜科<br>Amaryllidaceae | 葱莲属 *Zephyranthes* Herb | 葱莲 | *Zephyranthes candida*（Lindl.）Herb. |
| 薯蓣科<br>Dioscoreaceae | 薯蓣属 *Dioscorea* L. | 薯蓣 | *Dioscorea opposita* Thunb. |
| 鸢尾科<br>Iridaceae | 鸢尾属 *Iris* L. | 鸢尾 | *Iris tectorum* Maxim. |
| | | 德国鸢尾 | *Iris germanica* L. |
| | 射干属 *Belamcanda* Adans. | 射干 | *Belamcanda chinensis*（L.）DC. |
| 灯心草科<br>Juncaceae | 灯心草属 *Juncus* Linn. | 灯心草 | *Juncus offusus* L. |
| 鸭跖草科<br>Commelinaceae | 鸭跖草属 *Commelina* Linn. | 鸭跖草 | *Commelina communis* Linn. |
| | | 饭包草 | *Commelina bengalensis* Linn. |
| 禾本科<br>Gramineae | 刚竹属 *Phyllostachys* Sieb. et Zucc. | 淡竹 | *Phyllostachys glauca* McClure |
| | 棒头草属 *Polypogon* Desf. | 棒头草 | *Polypogon fugax* Nees ex Steud. |
| | 画眉草属 *Eragrostis* Wolf | 秋画眉草 | *Eragrostis autumnalis* Keng |
| | 羊茅属 *Festuca* L. | 高杆羊茅 | *Festuca elata* Keng ex E. Alexeev |
| | 针茅属 *Stipa* L. | 长芒草 | *Stipa bungeana* Trin. |
| | 画眉草属 *Eragrostis* Wolf | 画眉草 | *Eragrostis pilosa*（L.）Beauv. |
| | 早熟禾属 *Poa* L. | 白顶早熟禾 | *Poa acroleuca* Steud. |
| | 鹅观草属 *Roegneria* C. Koch. | 鹅观草 | *Roegneria kamoji* Ohwi |
| | 笔草属 *Pseudopogonatherum* A. Camus | 刺叶笔草 | *Pseudopogonatherum setifolium*（Nees）A. Camus |
| | 雀麦属 B *romus* L. | 雀麦 | *Bromus japonicus* Thunb. ex Murr. |
| | 芦苇属 *Phragmites* Adans. | 芦苇 | *Phragmites australis*（Cav.）Trin. ex Steud. |
| | 芦竹属 *Arundo* L. | 芦竹 | *Arundo donax* L. |
| | 穆属 *Eleusine* Gaertn. | 牛筋草 | *Eleusine indica*（L.）Gaertn. |
| | 狗牙根属 *Cynodon* Rich. | 狗牙根 | *Cynodon dactylon*（L.）Pers. |
| | 菰属 *Zizania* L. | 菰 | *Zizania latifolia*（Griseb.）Stapf |

| 科名 | 属名 | 中文名 | 拉丁学名 |
|---|---|---|---|
| 禾本科 Gramineae | 求米草属 *Oplismenus* Beauv. | 求米草 | *Oplismenus undulatifolius*（Arduino）Beauv. |
| | 稗属 *Echinochloa* Beauv. | 稗 | *Echinochloa crusgalli*（L.）Beauv. |
| | 马唐属 *Digitaria* Hall. | 马唐 | *Digitaria sanguinalis*（L.）Scop. |
| | | 升马唐 | *Digitaria ciliaris*（Retz.）Koel. |
| | 狗尾草属 *Setaria* Beauv. | 狗尾草 | *Setaria viridis*（L.）Beauv. |
| | | 金色狗尾草 | *Setaria glauca*（L.）Beauv. |
| | 狼尾草属 *Pennisetum* Rich. | 狼尾草 | *Pennisetum alopecuroides*（L.）Spreng. |
| | 甜茅属 *Glyceria* R. Br. | 甜茅 | *Glyceria acutiflora* Torrey subsp. *japonica*（Steud.）T. Koyama et Kawano |
| | 菅属 *Themeda* Forssk. | 黄背草 | *Themeda japonica*（Willd.）Tanaka |
| | 白茅属 *Imperata* Cyrillo | 白茅 | *Imperata cylindrica*（L.）Beauv. |
| | 荩草属 *Arthraxon* Beauv. | 荩草 | *Arthraxon hispidus*（Thunb.）Makino |
| | 藨草属 *Phalaris* Linn. | 藨草 | *Phalaris arundinacea* L. |
| | 荩草属 *Arthraxon* Beauv. | 矛叶荩草 | *Arthraxon prionodes*（Steud.）Dandy |
| | 孔颖草属 *Bothriochloa* Kuntze | 白羊草 | *Bothriochloa ischaemum*（L.）Keng |
| | 燕麦属 *Avena* Linn. | 燕麦 | *Avena sativa* L. |
| | 雀稗属 *Paspalum* L. | 双穗雀稗 | *Paspalum paspaloides*（Michx.）Scribn. |
| | | 雀稗 | *Paspalum thunbergii* Kunth ex Steud. |
| | 牛鞭草属 *Hemarthria* R. Br. | 牛鞭草 | *Hemarthria altissima*（Poir.）Stapf et C. E. Hubb. |
| | 千金子属 *Leptochloa* Beauv. | 虮子草 | *Leptochloa panicea*（Retz.）Ohwi |
| | 鼠尾粟属 *Sporobolus* R. Br. | 鼠尾粟 | *Sporobolus fertilis*（Steud.）W. D. Clayt. |
| | 薏苡属 *Coix* Linn. | 薏苡 | *Coix lacryma-jobi* L. |
| | 黍属 *Panicum* L. | 糠稷 | *Panicum bisulcatum* Thunb. |
| 棕榈科 Palmae | 棕榈属 *Trachycarpus* H. Wendl. | 棕榈 | *Trachycarpus fortunei*（Hook.）H. Wendl. |

续表

| 科名 | 属名 | 中文名 | 拉丁学名 |
|---|---|---|---|
| 莎草科<br>Cyperaceae | 飘拂草属 *Fimbristylis* Vahl | 两歧<br>飘拂草 | *Fimbristylis dichotoma*（L.）Vahl |
| | 水莎草属 *Juncellus*（Griseb.）<br>C. B. Clarke | 水莎草 | *Juncellus serotinus* （Rottb.） C.<br>B. Clarke |
| | 薹草属 *Carex* Linn. | 大披<br>针薹草 | *Carex lanceolata* Boott |
| | 藨草属 *Scirpus* Linn. | 扁秆藨草 | *Scirpus planiculmis* Fr. Schmidt |
| | | 水葱 | *Scirpus validus* Vahl |
| | 扁莎草属 *Pycreus* P. Beauv. | 球穗扁莎 | *Pycreus globosus*（All.）Reichb. |
| 美人蕉科<br>Cannaceae | 美人蕉属 *Canna* L. | 美人蕉 | *Canna indica* L. |

# 参考文献

[1] Bell F G, Stacey T R, Genske D D. 2000. Mining subsidence and its effect on the environment: some differing examples[J]. Environmental Geology, 40 (1−2):135−152.

[2] Cooper D J, MacDonald L H. 2000. Restoring the vegetation of mined peat lands in the Southern Rocky Mountains of Colorado, USA[J]. Restoration Ecology, 8(2): 103−111.

[3] Ghose M. 2001. Management of topsoil for geo-environmental reclamation of coal mining areas[J]. Environmental Geology, 40(11−12):1405−1410.

[4] Jiang G M, Putwain P D, Bradshaw A D. 1994. Response of *Agrostis stolonifcriato* limestone and nutritional factors in the reclamation of colliery spoils[J]. Chinese Journal of Botnay, 6(2): 155−162.

[5] Kumar A, Raghuwanshi R, Upadhyay R S. 2010. Arbuscular mycorrhizal technology in reclamation and revegetation of coal mine spoils under various revegetation models[J]. Engineering, 2(9): 683−689.

[6] Maiti S K. 2013. Biofertiliser (Mycorrhiza) Technology in Mine Ecorestoration[M] // Ecorestoration of the coalmine degraded lands. Springer India, 171−185.

[7] Palmer M A, Bernhardt E S, Allan J D, *et al*. 2005. Standards for ecological successful river restoration[J]. Journal of Applied Ecology,42: 208−217.

[8] Rheinhraun. 1999. Landschaftsgestaltung and Ökologie im rhcinischen Braunkohlenrevier. Hüth：Drei-Kronen-Druck GmhH，33—38.

[9] Falkenmark M，Rockstrom J.（任立良，束龙仓，等，译）2006. 人与自然和谐的水需求——生态水文学新途径[M]. 北京：中国水利水电出版社.

[10] Gemmel R P.（倪彭年，等，译）1987. 工业废弃地上的植物定居[M]. 北京：科学出版社.

[11] 宝力特，方彪，王健. 2006. 采煤塌陷区土地复垦技术与模式研究[J]. 内蒙古水利，(4)：45—46.

[12] 常江，Koetter T. 2005. 从采矿迹地到景观公园[J]. 煤炭学报，30(3)：399—402.

[13] 常西坤，郭惟嘉，温兴林，梁俊田. 2008. 采矿塌陷区矸石回填建村模式探讨[J]. 中国煤炭，34(9)：8—10.

[14] 程建远，孙红星，赵庆彪，等. 2008. 老采空区的探测技术与实例研究[J]. 煤炭学报，33(3)：251—255.

[15] 戴莉萍. 2010. 矿山开采对生态环境的影响及矿区生态修复——以煤矿为例[J]. 经济研究，18(01)：109—110.

[16] 邓国春，朱建新. 2008. 谈煤矿矿区生态修复规划. 资源环境与工程[J]，22(2)：255—256.

[17] 杜森，高祥照. 2006. 全国农业技术推广服务中心. 土壤分析技术规范(第二版)[M]. 北京：中国农业出版社.

[18] 范拴喜，甘卓亭，李美娟，张掌权，周旗. 2010. 土壤重金属污染评价方法进展[J].《中国农学通报》，26(17)：310—315.

[19] 范亮，钱荣毅. 2011. 瞬变电磁法在煤矿采空区的应用研究[J]. 工程地球物理学报，8(1)：29—33.

[20] 范英宏，陆兆华，程建龙，等. 2003. 中国煤矿区主要生态环境问题及生态重建技术[J]. 生态学报，23(10)：2144—2152.

[21] 傅娇艳，丁振华. 2007. 湿地生态系统服务、功能和价值评价研究进展[J]. 应用生态学报，18(3)：681—686.

[22] 付梅臣，曾晖，张宏杰，师丽平. 2009. 资源枯竭矿区土地复垦与生态重建技术[J]. 科技导报，27(17)：38—43.

[23] 付梅臣,吴淦国,周伟.2005.矿山关闭及其生态环境恢复分析[J].中国矿业,14(4):28—31.

[24] 国家环境保护总局《水和废水监测分析方法》编委会.2002.水和废水监测分析方法(第四版)[M].北京:中国环境科学出版社.

[25] 郝刚,吴侃,李亮,等.2011.老采空区"活化"的相似材料模型系统[J].煤炭工程,6:74—76.

[26] 胡振琪,杨秀红,鲍艳等.2005.论矿区生态环境修复[J].科技导报,23(1):38—41.

[27] 姜升,刘立忠.2009.动态沉陷区建筑复垦技术实践[J].煤炭学报,34(12):1622—1625.

[28] 贾三石,邵安林,王海龙,等.2011.基于 TEM 的井下铁矿采空区探测评价[J].东北大学学报(自然科学版),32(9):1340—1343.

[29] 康恩胜,宋子岭,庞文娟.2006.海州露天矿废水的人工湿地处理方法[J].辽宁工程技术大学学报,25(S1):310—312.

[30] 雷兆武,孙颖,杨高英.2006.有色金属矿山废水管理与资源化研究[J].矿业安全与环保,33(4):40—41,48.

[31] 李杰,钟成华,邓春光.2007.人工湿地研究进展[J].安徽农业科学,35(6):1778—1780.

[32] 李经龙,郑淑婧.2005.旅游规划核心内容动态分析[J].地理与地理信息科学,21(1):83—87.

[33] 李明辉,彭少麟,申卫军,等.2003.景观生态学与退化生态系统恢复[J].生态学报,23(8):1622—1628.

[34] 李鹏波.2006.煤矸石山景观重建机理及景观评价研究[D].北京:中国矿业大学(北京)资源与安全工程学院.

[35] 李树志.2014.我国采煤沉陷土地损毁及其复垦技术现状与展望[J].煤炭科学技术,42(1):93—97.

[36] 李新举,胡振琪,李晶,等.2007.采煤塌陷地复垦土壤质量研究进展[J].农业工程学报,23(6):276—280.

[37] 连达军,汪云甲.2011.开采沉陷对矿区土地资源的采动效应研究[J].矿业研究与开发,31(5):103—108.

[38] 梁爽,李志民.2003.瞬变电磁法在阳泉二矿探测积水采空区效果分析[J].煤田地质与勘探,31(8):49—51.

[39] 刘飞,陆林.2009.采煤塌陷区的生态恢复研究进展[J].自然资源学报,24(4):612—620.

[40] 刘国辉,李达,刘志远,等.2011.综合电法勘探在中关铁矿采空区探测中的应用[J].工程地球物理学报,8(6):709—712.

[41] 刘盛东,吴荣新,张平松,等.2009.三维并行电法勘探技术与矿井水害探查[J].煤炭学报,34(7):927—932.

[42] 刘喜韬,鲍艳,胡振琪,等.2007.闭矿后矿区土地复垦生态安全评价研究[J].农业工程学报,23(8):102—106.

[43] 刘萍萍,尹澄清,孙淑琴.2007.城市地区重建湿地的生态过程研究[J].环境科学,28(1):59—63.

[44] 刘江宜.2008.我国矿山环境治理与恢复政策创新[J].中国矿业,17(11):43—45.

[45] 马康.2007.废弃矿山生态修复和生态文明建设浅论——以北京门头沟区为例[J].科技资讯,35:146.

[46] 马成玲,王火焰,周健民,杜昌文,黄标.2006.长江三角洲典型县级市农田土壤重金属污染状况调查与评价[J].农业环境科学学报,3(3):751—755.

[47] 彭建,蒋一军,吴健生,等.2005.我国矿山开采的生态环境效应及土地复垦典型技术[J].地理科学进展,24(2):38—48.

[48] 单奇华,俞元春,张建锋,钱洪涛,徐永辉.2009.城市森林土壤肥力质量综合评价[J].水土保持通报,4(04):186—190.

[49] 王胜永,刘冬梅,王晓艳.2007.山东省湿地公园发展状况与建设策略[J].风景园林,(1):95—97.

[50] 王春雷.2004.关于区域旅游规划几个基本问题的思考[J].地域研究与开发,23(4):82—84,99.

[51] 王华锋,刘荣泉,郑强,等.2013.综合物探在金属矿采空区中的应用——以焦家金矿望儿山采空区为例[J].地质与勘探,49(3):496—504.

[52] 王福琴.2010.安徽省两淮采煤塌陷区的现状、存在问题及治理措施建议[J].安徽地质,20(4):291—293,305.

[53] 王春宏,李汉光.2005.循环经济与矿业开发中的环境保护//资源·环境·循环经济——中国地质矿产经济学会 2005 年学术年会论文集[C].

[54] 王煜琴.2009.城郊山区型煤矿废弃地生态修复模式与技术[D].北京:中国矿业大学博士学位论文.

[55] 王永生,黄洁,李虹.2006.澳大利亚矿山环境治理管理、规范与启示[J].中国国土资源经济,(11):36－37,42.

[56] 王霖琳,胡振琪.2009.资源枯竭矿区生态修复规划及其实例研究[J].现代城市研究,7:28－32.

[57] 孙宝志.2004.露天煤矿土地复垦及应用研究[D].阜新:辽宁工程技术大学硕士学位论文.

[58] 吴言忠.2007.采煤塌陷区复垦土地的技术模式研究[J].山东煤炭科技,(5):61－62.

[59] 吴晓丽,朱宇,陈广仁,苏青.2009.矿区土地复垦与生态重建——机遇与挑战[J].科技导报.27(17):19－24.

[60] 吴荣新,张卫,张平松.2012.并行电法监测工作面垮落带岩层动态变化[J].煤炭学报,37(4):571－577.

[61] 许申来,陈利顶.2008.生态恢复的环境效应评价研究进展//第五届中国青年生态学工作者学术研讨会论文集[C].7－13.

[62] 徐忠,李静.2006.构建新农村环境景观体系的探索[J].安徽农学通报,12(7):63－64.

[63] 解海军,孟小红,王信文,等.2009.煤矿积水采空区瞬变电磁法探测的附加效应[J].煤田地质与勘探,37(2):168－173.

[64] 俞孔坚,李迪华,刘海龙.2005."反规划"途径[M].北京:中国建筑工业出版社.

[65] 於方,周昊,许申来.2009.生态恢复的环境效应评价研究进展[J].生态环境学报,18(1):374－379.

[66] 杨凯.2006.平原河网地区水系结构特征及城市化响应研究[D].上海:华东师范大学资源与环境科学学院.

[67] 严家平,赵志根,许光泉,等.2004.淮南煤矿开采塌陷区土地综合利用[J].煤炭科学技术,32(10):56－58.

[68] 杨长奇.2013.山西省采煤塌陷区土地复垦模式及生态重建研究[D].晋中:山西农业大学硕士学位论文.

[69] 杨兆平,高吉喜,周可新等.2013.生态恢复评价的研究进展[J].生态学杂志,32(9):2494-2501.

[70] 姚国征.2012.采煤塌陷对生态环境的影响及恢复研究[D].北京:北京林业大学博士学位论文.

[71] 张涛.2006.残破山体政府为你"疗伤"——焦作整治缝山公园造福市民[J].河南国土资源,(8):26.

[72] 张文涛.2012.表土中主要重金属地球滑雪基线研究与污染评价——以平圩电厂为例[D].淮南:安徽理工大学博士学位论文.

[73] 张发旺,周俊业,侯新伟,等.2002.神府矿区煤炭开发面临的地质生态环境问题及对策研究[J].地球学报,23(S):59-64.

[74] 张平松,胡雄武,吴荣新.2012.岩层变形与破坏电法测试系统研究[J].岩土力学,33(3):952-956.

[75] 张振勇,韩德品,陈香菱,等.2013.综合电法在煤矿积水老空区探查中的应用[J].矿业安全与环保,40(1):77-80.

[76] 张发旺,侯新伟,韩占涛.2001.煤炭开发引起水土环境演化及其调控技术[J].地球学报,22(4):345-350.

[77] 张发旺,赵红梅,宋亚新,陈立.2007.神府东胜矿区采煤塌陷对水环境影响效应研究[J].地球学报,28(6):521-527.

[78] 张锦瑞,陈娟浓,岳志新.2007.河北采煤塌陷区的环境治理[J].中国矿业,16(4):43-45.

[79] 赵晨洋.2007.人工湿地与生态景观建设[J].山西建筑,33(7):54-56.

[80] 赵永军,刘启虎,翟利,等.2006.破坏山体植被恢复中新技术的应用[J].山东林业科技,(4):58-60.

[81] 朱磊,石铁矛.2006.廊道在城市边缘区住区建设中的应用[J].沈阳建筑大学学报:社会科学版,8(2):108-111.

[82] 周伟,曹银贵,白中科,王金满.2012.煤炭矿区土地复垦监测指标探讨[J].中国土地科学,26(11):68-73.

**【法律法规文件参考】**

[1]《中华人民共和国环境保护法》,1989 年 12 月 26 日中华人民共和国主席令第 22 号发布。

[2]《中华人民共和国矿产资源法》,1986 年 3 月 19 日第六届全国人民代表大会常务委员会第十五次会议通过。根据 1996 年 8 月 29 日第八届全国人民代表大会常务委员会第二十一次会议《关于修改〈中华人民共和国矿产资源法〉的决定》修正。中华人民共和国主席令第 74 号发布。

[3]《中华人民共和国煤炭法》,1996 年 8 月 29 日第八届全国人民代表大会常务委员会第二十一次会议通过。1996 年 8 月 29 日中华人民共和国主席令第 75 号发布,自 1996 年 12 月 1 日起施行。

[4]《中华人民共和国水土保持法》,中华人民共和国第十一届全国人民代表大会常务委员会第十八次会议 2010 年 12 月 25 日修订通过,中华人民共和国主席令第三十九号发布,将修订后的《中华人民共和国水土保持法》公布,自 2011 年 3 月 1 日起施行。

[5]《土地复垦规定》,1988 年 10 月 21 日国务院第二十二次常务会议通过,1988 年 11 月 8 日中华人民共和国国务院令第 19 号发布,自 1989 年 1 月 1 日起施行。

[6]《国务院关于环境保护若干问题的决定》,1996 年 08 月 03 日颁布,国发[1996]31 号。

[7]《中华人民共和国矿产资源法实施细则》,1994 年 3 月 26 日国务院令第 152 号发布。

[8]《关于逐步建立矿山环境治理和生态恢复责任机制的指导意见》,财政部、国土资源部、环保总局共同颁布,财建[2006]215 号。

[9]《矿产资源规划管理暂行办法》,国土资源部于 1999 年 10 月 12 日颁布施行,国土资发[1999]356 号。

[10]《中华人民共和国固体废物污染环境防治法》,2004 年 12 月 29 日中华人民共和国第十届全国人民代表大会常务委员会第十三次会议修订通过,中华人民共和国主席令第 31 号发布,修订后的《中华人民共和国固体废物污染环境防治法》自 2005 年 4 月 1 日起施行。

[11]《中华人民共和国海洋环境保护法》,1982 年 8 月 23 日第五届全国人

民代表大会常务委员会第二十四次会议通过,1999 年 12 月 25 日第九届全国人民代表大会常务委员会第十三次会议修订通过,1999 年 12 月 25 日中华人民共和国主席令第 26 号发布,自 2000 年 4 月 1 日起施行。

[12]美国的《矿产租赁法》(1920)、《矿区租约法》(1920),是规范包括能源矿产在内的矿产资源管理的基本法律。这两部法律在以后的 80 多年中被多次修改,为了鼓励油气资源开发,2005 年能源政策法中修改其中油气资源使用费费率。

[13]《安徽省矿山地质环境保护条例》,安徽省人民代表大会常务委员会公告第 99 号,2007 年 6 月 22 日安徽省第十届人民代表大会常务委员会第三十一次会议通过,自 2007 年 12 月 1 日起施行。

[14]《安徽省矿山保护与治理规划(2009~2015)》。

[15]《淮南市城市总体规划(2010~2020)》,国务院办公厅关于批准淮南市城市总体规划的通知,国办函[2010]145 号。

[16]《淮北市城市总体规划(2005~2020)》,国务院办公厅关于批准淮北市城市总体规划的通知,国办函[2006]90 号。

[17]《国务院关于落实科学发展观加强环境保护的决定》,国发[2005]39 号。

[18]《关于开展生态补偿试点工作的指导意见》,国家环境保护总局文件,环发[2007]130 号。

[19]《矿山生态环境保护与恢复治理技术规范(试行)》,环境保护部公告[2013]HJ652-20。

[20]《安徽省矿山地质环境治理恢复验收标准》,安徽省国土资源厅,2007。